庆　祝

陕西省建筑科学研究院有限公司
成立**70**周年

陕西省建科院科技成果书系

黄土挖填方高边坡变形规律及稳定性分析

朱武卫　柳明亮　杨　晓　胡长明　何晴光　编　著

中国建筑工业出版社

图书在版编目（CIP）数据

黄土挖填方高边坡变形规律及稳定性分析 / 朱武卫
等编著. -- 北京：中国建筑工业出版社，2024. 9.
（陕西省建科院科技成果书系）. -- ISBN 978-7-112
-30461-5

Ⅰ. TU457

中国国家版本馆 CIP 数据核字第 20249V20W9 号

　　本书以延安大学新校区贴坡型挖填方高边坡工程为背景，分析了现有边坡变形预测方法在变形预测中的使用程度，并通过强度参数不同变异性来源进行了边坡可靠性分析，提出了一种能够描述黄土一维固结蠕变特性的四参数蠕变模型，依据试验结果及蠕变模型，基于随机场理论建立了蠕变参数的互相关高斯随机场，提出了一种能考虑蠕变随机性的贴坡型挖填方高边坡变形预测方法。

　　本书内容共 12 章，包括：绪论；工程概况及变形监测分析；黄土贴坡型挖填方高边坡预测方法及变形特性分析；黄土贴坡型挖填方高边坡边坡可靠性分析及影响评价；黄土一维固结蠕变试验及模型研究；基于蠕变参数随机场的变形预测方法研究；黄土贴坡型挖填方高边坡变形特性分析及预测；土工格栅加筋黄土边坡分析；加筋土边坡稳定性影响因素及分析方法对比；降雨入渗条件下多级加筋边坡稳定性分析；多级加筋边坡动力响应特征及破坏机理分析；振动强度对雨后地震边坡稳定性影响分析。希望本书能够为挖填方高边坡设计分析及稳定状态判断提供参考。

　　责任编辑：王华月　张　磊
　　责任校对：芦欣甜

陕西省建科院科技成果书系
黄土挖填方高边坡变形规律及稳定性分析
朱武卫　柳明亮　杨　晓　胡长明　何晴光　编　著
*
中国建筑工业出版社出版、发行（北京海淀三里河路9号）
各地新华书店、建筑书店经销
霸州市顺浩图文科技发展有限公司制版
建工社（河北）印刷有限公司印刷
*
开本：787 毫米×1092 毫米　1/16　印张：13¼　字数：324 千字
2024 年 9 月第一版　　2024 年 9 月第一次印刷
定价：68.00 元
ISBN 978-7-112-30461-5
（43794）

前　言

在"守住耕地红线"的政策背景下，削山填沟造地工程成为西部山区获取建设用地的重要途径。为了治理大规模填方场地边缘存在的自然斜坡、陡坎、峭壁等不稳定原始地貌，获得更加规整、充裕的建设用地，贴坡型填方模式相继涌现。

本书以延安大学新校区贴坡型挖填方高边坡工程为背景，分析了现有边坡变形预测方法在变形预测中的使用程度，并通过强度参数不同变异性来源进行了边坡可靠性分析，提出了一种能够描述黄土一维固结蠕变特性的四参数蠕变模型，依据试验结果及蠕变模型，基于随机场理论建立了蠕变参数的互相关高斯随机场，提出了一种能考虑蠕变随机性的贴坡型挖填方高边坡变形预测方法。

本书根据黄土加筋填方边坡变形实测数据与模拟的规律性对比，得出基于边坡表观变形、原状土样试验研究和考虑土工加筋作用的边坡变形演化规律，总结了在施工工况及完工后长期监测下的填方边坡变形发展规律。通过对既有边坡进行土样采集后开展室内土工试验，对比不同研究区域的湿陷性能、填土压实度及土体的压缩、剪切特性，建立了单向土工格栅实体单元模型，利用数值模拟技术对边坡填方加载工况下的变形规律进行分析，其结果较为符合边坡监测成果。

本书为了给予多级加筋黄土边坡在降雨和地震作用下稳定性及失稳机理更多细节性的补充，按照原始地貌特性对本工程实例进行有限元数值模拟。根据模拟结果分析对比不同降雨类型及降雨强度对其稳定性的影响、地震作用下边坡动力响应影响、不同振动强度对雨后地震边坡稳定性的影响。

本书在撰写过程中参考了大量的国内外文献和著作，研究生安天轮、张虎、胡婷婷、田明辉、汪芳芳等参与了大量的试验和计算工作，在此一并致谢。

希望本书能够为挖填方高边坡设计分析及稳定状态判断提供参考，限于作者水平有限，不足之处热忱欢迎同行专家和广大读者批评指正。

2024 年 8 月

目　录

第1章 绪 论

1.1 研究的背景与意义

我国分布着广阔的黄土区域。黄土区域面积约为 63.5 万 km^2，约占陆地总面积的 6.6％左右。主要分布在我国中西部区域，其中以山西、陕西、甘肃、青海、宁夏以及河南等省份分布最多。随着西部经济持续向好，基础设施大力发展，这些城市开始寻求新的建设空间，逐渐对周边山区空间利用开发。在受到自然堆积和侵蚀等作用影响下，黄土地貌不乏出现百米高且陡峭的自然边坡。原状黄土结构强度高、直立性好，由于堆积和侵蚀双重作用，形成了塬、梁、峁、沟壑等反差地貌；巨大的黄土地貌景观常伴有高达百米且坡度较陡的自然斜坡。由于我国城镇化进程的步伐不断加快、国家开发政策向西部倾斜使得西部城市人口数量急剧上升，造成了许多诸如交通拥堵、公共资源缺乏等问题。这些西部城市的发展需要寻求新的空间，进而城市周边山区空间的利用、开发已是一种必然趋势。

削山填沟成为一种人工造地的普遍方法，是一种开辟城市和工业发展建设用地新空间的有效模式。大量建筑设施规划在削山填沟造出的场地上，这样的场地往往既要求不超出用地红线范围，又要尽可能多地填出场地以增大使用面积，从而带来经济效益。这必将导致涌现出大量的填方边坡工程。填方边坡工程是一个高度复杂的领域，需要运用各种新理论和前沿技术，随着填方规模的不断扩大和填方场地复杂程度的增加，对现有的工程技术提出更高的要求和挑战。

我国是一个滑坡灾害频发的国家。"十一五"期间，我国遭遇了多种大规模自然灾害。面对严峻的灾害形势，各方相互配合开展抗灾救灾工作。"十二五"时期，通过健全体制、巩固技术基础、完善应急救援体系和普及防灾教育，显著提高了防灾减灾能力，使我国受到自然灾害所导致的损失大幅度下降。

根据自然资源部地质灾害技术指导中心统计发布的全国地质灾害通报，近三年共发生自然灾害 18793 起，造成 455 人死亡、159 人失踪，直接经济损失达 109.9 亿元。其中滑坡 11365 起，造成的人员、经济损失占比最大，如图 1-1 所示。随着边坡监测技术的发展与预测模型的丰富，以预测预警为手段的地质灾害工程综合防治工程效果显著，2020 年全国共成功预报地质灾害 534 起，涉及可能伤亡人员 18239 人，避免直接经济损失 10.2 亿元。2021 年，全国共成功预报地质灾害 905 起，涉及可能伤亡人员 25528 人，避免直接经济损失 13.5 亿元，防灾减灾成绩显著。

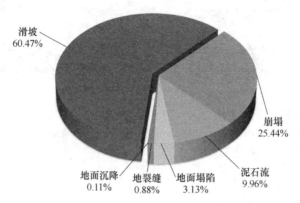

图 1-1　近三年全国地质灾害分布情况

我国是世界上滑坡灾害发生最为频繁的国家之一，特别是中西部地区发生的大型滑坡以其独特的复杂破坏机制在世界滑坡史中占据突出地位。大量实例研究表明边坡发生失稳滑坡由多种因素造成，其中降雨和地震是诱发边坡发生失稳滑坡最主要的两种因素。根据应急管理部发布的数据统计，全国自然灾害基本情况显示，近五年（2019～2023）我国遭遇 5.0 级以上地震 98 次、区域性暴雨过程 148 次。

《全国地质灾害防治"十四五"规划》中将我国地质灾害根据其分布特征并结合地形地貌以及地下水分布等条件和受降雨、地震、人为活动等因素的影响划分为高、中、低三级地质灾害易发区，滑坡、崩塌、泥石流和地面塌陷易发区面积约 717 万 km²，其中高、中易发区面积约为 407 万 km²，占总易发区的 56.8%。黄土高原地区是黄河流域生态保护和高质量发展战略实施重要区域，占全国重点防治区总面积的 8.9%。该区域黄土覆盖层厚，新构造运动活跃。地震、降雨和不合理人为工程活动是区内黄土滑坡、崩塌的主要引发因素。该区防治重点是城市周边、交通干线两侧和人口聚集区的黄土滑坡、崩塌、泥石流。

2023 年 12 月 18 日在甘肃临夏州积石山县发生 6.2 级地震造成甘肃、青海两省 151 人死亡，983 人受伤，直接经济损失 146.12 亿元。此次地震诱发青海境内发生滑坡、泥石流现象，其中中川乡共发生 784 处滑坡，总面积 13.78 万 m²，该区域地形主要为黄土台塬，每年秋季降雨集中且降雨强度大，加之人为因素等原因使得地形地貌侵蚀严重，台塬周围沟壑纵横，造成此次大面积黄土滑坡的原因是由于富含地下水的黄土台塬因为地震发生土体液化现象，最终导致发生滑坡。

为满足高速发展的国民经济的需要，我国提出了西部大开发战略，在西部地区机场、公路、铁路、住宅等基础设施的建设过程中，出现了许多黄土高填方边坡。土体作为自然沉积产物，具有可压缩性，黄土在形成过程中，由土颗粒和集合体团粒组成的骨架和骨架间较多的孔隙形成的特殊显微结构，使原状黄土一般具有结构性和结构强度，即具有较高的抗压和抗剪能力。而在工程建设过程中，人工填筑而成的重塑黄土边坡，破坏了原状黄土固有的结构性，加之填方边坡高度动辄几十米上百米，高填方边坡土体的沉降变形不可避免。

为提高填方边坡稳定性，可将边坡分级治理或土体铺设加筋材料来治理边坡失稳，也可二者相结合。其中土工格栅作为一种护坡、加固土体、防止土体侵蚀等方面的工程材料，通常由高强度聚合物或合成纤维制成。土工格栅的结构呈网格状，具有一定的柔韧性和透水性能，能够有效地增强土体的稳定性、抗拉强度和抗变形能力，同时也具有高效利用土地、节约施工成本等优势。

土工加筋作为一种工程加固手段，具有久远的历史，在农耕文明时期最先应用于防洪，古人们应用茅草裹泥、芦苇绑扎的方式制造坚固的块体砌坝修墙；而在秦代，主要的治水工具就是加筋土的石笼。到了 20 世纪中期，由于石油工业和高分子材料的发展，土工合成材料不断涌现出来，因其具有高模量、高强度、耐腐蚀的特性被广泛作为筋材运用于工程中（图 1-2）。

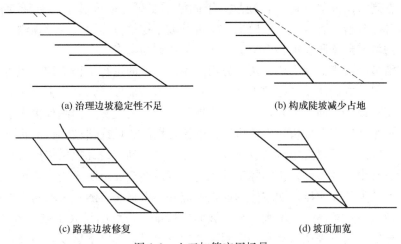

(a) 治理边坡稳定性不足   (b) 构成陡坡减少占地

(c) 路基边坡修复   (d) 坡顶加宽

图 1-2 土工加筋应用场景

加筋土边坡是通过埋置加筋材料对边坡土体进行补强以提高边坡稳定性、限制边坡变形的一类填方边坡工程，广泛应用于新建填方边坡、滑坡治理和填方造地（原路堤、场地边坡加高加宽）等。由于加筋土边坡对填料基本没有选择性，一般只能就地取材，因此在特殊土高边坡中应用土工加筋使得边坡工程难度加大。

尽管高填方边坡在一定程度上拓宽了人类的地上发展空间，但同时会引起场区内水分迁移规律及应力场的变化，加剧地质环境脆弱性，同时由填方体内部结构的变化而引起的工程问题也严重影响人们的生命财产安全。此类工程问题可以归结为三种，一是高填方边坡的不均匀沉降会引起边坡上方道路中断和建筑物破坏。二是填方体滑坡会对其下方建构筑物造成破坏，如 2015 年广东省某场区内堆填体的突发性滑坡，造成坡底 33 栋建筑物掩埋或不同程度受损，77 人死亡和失踪。三是填方体内部变形的不可预知性带来的潜在威胁，尽管表面看来只是小裂缝，但填方体内部可能已经出现变形破坏。

针对高填方边坡变形问题，一方面，在设计施工中，通常采取相应措施，如设置抗滑桩、预应力锚索、土工格栅等控制其变形。另一方面，进行边坡变形预测，这是建立风险防范措施的重要参考。高填方边坡变形分为固结变形和次固结变形,固结变形发生在施工期及完工后初期,发展较快,历时较短,而次固结变形,也称蠕变,即在应力保持不变时应变随时间增长的现象,这在完工后几年甚至几十年内持续存在。因此,对填方土体固结蠕变特性的准确评估,以及蠕变规律的揭示是预测填方边坡完工后变形的基础,亦是灾害防治的基本前提。然而,土体在自然沉积过程中形成方式的不同会使土体物理力学性质产生固有不确定性。其次,土性参数与干密度也存在一定的关系,而施工工艺的影响会使得填方体干密度并不均匀,带来施工不确定性。此外,在认识土体性质的试验中由于制样偏差,试验误差而产生的不可避免的偶然性误差,会造成认知不确定性。这种不确定性会导致填方土体固结蠕变特性出现不同程度的变异性,这使得对于高填方边坡变形预测问题的分析与研究也应基于统计学方法。

由高填方贴坡体及原倾斜地基形成的边坡是高填方边坡中较为特殊的存在,可简称为贴坡型挖填方高边坡。原状土边坡在长时期自然沉积作用下变形较小,而由重塑土填筑而成的填方体受施工工艺的影响变形变异性更大,常规变形预测方法也难以考虑两类土体性质的差异。在现有研究的基础上,通过一维固结蠕变试验研究黄土固结蠕变特性及变异性,并进行理论分析和有限元数值模拟,实现贴坡型挖填方高边坡变形预测,以期为黄土地区的填方边坡变形预测和灾害防治提供一定的依据与参考。

边坡与滑坡的灾害治理主要从两个方面入手:一方面进行工程治理,阻碍边坡与滑坡灾害的发生;另一方面建立灾害预报系统,减少滑塌与滑坡导致的灾害损失。换言之,除了要从边坡工程设计方面入手外,还要从边坡工程变形的监测及预测预警入手。而以坡体变形监测为依据开展变形分析,不仅可以评价治理期间边坡或斜坡的稳定状态、判断其变形发展趋势,同时也可以为边坡信息化施工、支挡结构动态设计提供依据。在边坡工程的建造与服役过程中,变形是评价实际工程稳定程度最客观、最明显的一项重要指标。

坡面临空放大效应明显,而坡体的放大效应并不太显著,随着边坡高度增加,各特征点的加速度放大系数总体呈现增大趋势。坡面各特征点位移明显大于坡体各特征点位移,土工格栅在地震作用下表现出具有一定程度的减震效果,建立雨后地震多级加筋黄土边坡数值模型研究各特征点加速度峰值与振动强度关系及不同振动强度下加速度放大效应,对于提高边坡的抗震性具有一定的积极意义。

1.2 黄土挖填方边坡变形研究现状

1.2.1 黄土变形特性研究现状

研究土体变形特性是进行变形预测的基本前提,目前国内外对黄土的变形特性的研究成果较为丰富。在原状黄土研究方面,陈存礼等通过原状黄土不同含水率下的压缩实验,探讨了黄土结构性与其变形特性的关系,又通过三轴实验,将定义的结构性参数引入扰动饱和土本构关系,得到了能反映原状黄土结构性的本构关系。Lei等对原状黄土变形和强度特性研究的三轴试验表明,含水率只影响黄土的有效黏聚力,不影响有效内摩擦角,当含水率达到一定值时,有效黏聚力不再降低,并保持稳定。Ye等为了解黄土在干湿循环作用下的结构损伤演化过程,进行了考虑初始含水量、干湿循环振幅和干湿循环次数因素影响的干湿循环三轴试验。Yao 等基于 CT 技术研究了原状黄土的细观结构动力演化特征。此外有的学者研究了原状黄土在增湿试验、干湿循环试验、冻融试验条件下的变形和强度特性。

但由于社会发展的需要，伴随着基础设施建设而产生的大量重塑黄土，其变形特性也引起了大量学者的关注。在重塑黄土研究方面，杨坪等发现土样压缩变形的应变速率随含水率的增大衰减得越慢。张立新等对 Q_2 重塑黄土三轴试验研究发现，试样的偏应力-轴向应变曲线不受干密度影响，均呈应变硬化型。Wei 等分析了原状黄土及其重塑黄土在不同含水量、剪切速率和垂直压力下的黄土-钢界面力学变形特性。郭楠等在填土三轴浸水试验过程中发现，试样的湿化变形受干密度、净围压、基质吸力和偏应力的影响显著，并且重塑黄土浸水湿化的宏观表现均与其微观结构的变化密切相关。Zuo 等发现可溶盐在降低黄土压缩性方面具有积极但有限的效果，而通过添加不可溶盐可以显著降低压缩性。

对高填方边坡来说，其长期变形的本质为蠕变。对黄土蠕变特性的研究通常是从试验出发，在分析其蠕变特性的同时力求建立能描述此类特性的数学模型。罗汀等分析了四种加载路径及变形时间对重塑黄土蠕变变形量的影响，刘驰洋等研究了 Q_2 黄土酸性环境下的一维固结蠕变特性。王松鹤等研究了黄土三轴剪切蠕变特性。在黄土蠕变模型研究上，Zhou 等在不同围压和温度条件下，对冻结黄土进行了一系列三轴压缩和蠕变试验，建立了冻土的速率相关本构模型。雷恒等利用修正后的 Singh-Mitchell 模型对黄土固结三轴排水试验数据进行拟合，克服了偏应力水平对原始模型模拟精度的限制，能较好地模拟黄土蠕变过程。Li 等分别在恒定偏应力下降低围压和轴向应力下降低围压两种卸荷路径下对完整黄土进行了一系列蠕变试验，提出了一种修正的 Burgers 模型来表征黄土沿卸荷路径的蠕变行为。Tang 等利用土流变三轴试验机进行黄土三轴蠕变试验，提出了基于分数阶微积分和连续损伤力学黄土二元蠕变模型。

综上所述，现阶段学者们对黄土变形特性的研究成果较为全面。从不同的实验方法、影响因素、土体特性出发，均得出了众多有益的成果，产生了各种黄土蠕变经验模型和元件模型。但是由于不同地区黄土特性之间的差异性，以及施工过程中的扰动，应用各种黄土蠕变模型会存在局限性。并且单次试验无法排除偶然性因素影响，此类不可避免的偶然性引起的数据变异性也理应得到关注。

1.2.2　土质边坡变形研究现状

土质边坡变形相关的研究可分为两类：边坡变形机理研究和变形特征及其影响因素研究。边坡变形机理研究主要基于土力学的理论框架和模型，通过对边坡土体自身的物理力学性质的研究，分析和探究边坡在受力及外界条件改变作用下的变形发育及失稳破坏过程。边坡变形特征及其影响因素研究是从已知的边坡变形入手，通过工程实践、模型试验分析其变形规律及影响因素，为工程设计、施工提供参考性的意见建议。

从滑坡学的角度来看，工程界普遍将滑坡按受力状态分为牵引式发育和推动式发育。牵引式滑坡是指由于坡脚的支撑力不足以抵抗上部下滑力，使得边坡从下部开始变形，导致上部随动变形，这种滑坡方式又称为后退式滑坡，如图 1-3（a）所示。推动式滑坡则是指边坡中、上部因崩塌堆积或人工填堤、堆料加载引起整体向下滑动变形。推移式滑坡不会带动上部山体发生大规模滑动，常常只有一个滑坡平台，如图 1-3（b）所示。而牵引式滑坡常常有多个滑坡平台。

岩土工程手册将滑体分为抗滑段、主滑段、牵引段，把滑坡发生的力学机制概括为：在一定的条件下，边坡主滑段失去平衡而产生蠕动，其后方牵引段因为失去前方主滑段支撑力的影响而产生拉张的主动破坏。而后，牵引段将连同主滑段推挤抗滑段，从而使得抗滑段在被动土压力作用下破坏。一旦抗滑段形成新滑面并贯通，坡体就开始整体滑动；坡体在外界因素作用下可由等速缓慢移动而进入加速剧滑阶段，一旦经过较大距离滑移后，滑坡又会趋于稳定，滑带开始固结压密，即滑坡变形存在动态平稳的过程；将滑坡体作为隔离体进行受力分析，图 1-3（c）为其平面受力状态图，其中大主应力 σ_1 为土体自重。由于滑坡体中下部段发生蠕滑，致使滑坡体上部小主应力 σ_3 减小，进而产生垂直于滑动方向的拉裂缝；主滑段为整体平移，两侧受到滑床土体的抗滑阻力，形成了左右两对力偶，从而生成大主应力 σ_1' 和小主应力 σ_3'，致使相应张扭性裂面和压扭性裂面的形成，因土体抗拉强度低，即坡体主滑段两侧表现为羽状张裂缝。滑体下边缘受压区由于受到下滑力的影响，其大主应力 σ_1 变为下滑力方向，导致滑坡体下部边缘产生放射状的张裂缝，滑坡体下方阻滑区域随着滑坡体的滑动出现垂直于滑动方向的隆起，并产生此方向上的鼓胀裂缝。

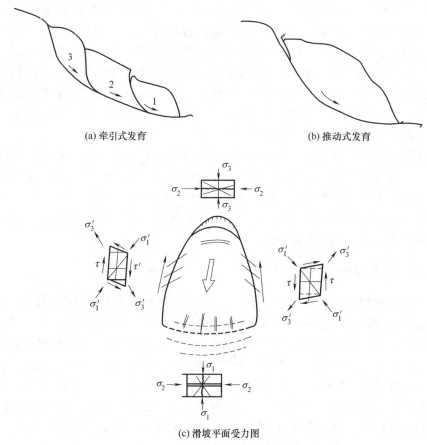

(a) 牵引式发育   (b) 推动式发育

(c) 滑坡平面受力图

图 1-3　边坡变形发育模式及受力状态

以上对边坡变形的研究基于边坡裂隙发育过程，逆向推导边坡体的受力状态，解释边坡变形发育的机理。随着土力学的发展，现代土力学的渐进破坏理论从土体应变软化特性出发分析边坡变形过程。由于胶结的天然土和超固结土内的应力总是不均匀的，应力集中区域土体率先超过峰值强度而出现软化，软化后土体的抗剪强度降低，导致原有土体的应力状态小于其抗剪强度，超额的剪应力向相邻的未软化的土体转移，这一过程的持续导致土体发生局部应变。从而最终反映为边坡变形失稳破坏，这一现象就是土的渐进破坏理论，与前文滑坡学中由"结果"推出的"原因"相互补充、相互论证，共同解释了边坡变形存在发育、演化过程。

渐进破坏理论最早由 Terzaghi 在 20 世纪 30 年代提出，他发现由应变软化土构成的边坡失稳过程为渐进累积破坏特性，并且指出造成边坡渐进累积破坏的原因在于土体抗剪强度的降低。在 20 世纪 60 年代，Skempton 提出了边坡渐进破坏的概念，他指出滑面上土体强度并不是同时发挥作用，只有某一点的剪应力超过土的抗剪强度时才会发生破坏。边坡的破坏面随着剪切破坏区的发展而逐渐扩展，直至整个滑面形成、坡体失稳。沈珠江在 1997 年根据软化产生的机理，将软化分为减压软化、剪胀软化和损伤软化。而在广义孔隙压力理论下，土体软化均可以理解为其广义孔隙压力升高引起的减压软化。由此，通过将软化机制统一为数学模型后，边坡渐进破坏研究逐渐朝向数值分析的方向发展。

随着模拟技术的进步，边坡的渐进破坏研究通过模拟手段清晰地呈现出来。刘爱华、王思敬运用模拟无限平面坡体的方法，生动地展现了渐进破坏现象的必然性。谭文辉等通过物理模拟和数值模拟的对比分析，深入揭示了边坡渐进破坏的发生、发育机理，并指出数值模拟分析可以弥补相似模型试验的不足。Lerouei 则运用构造的边坡物理模型，系统研究了不同破坏部位的力学机制，对应变软化特性的土质边坡渐进性破坏过程进行了数值模拟，全面展现了边坡局部破坏、发展和失稳的全过程，并强调了考虑边坡变形数值模拟方法研究的必要性。而尹小涛等则运用 PFC 算例揭示了真实边坡带有强烈空间和时间特征的渐进破坏特性，认为边坡失稳是自然地形的重塑、再造和稳定的过程，是动势能转换和耗散的过程。陈文胜等基于边坡渐进破坏理念，提出了一种应用骨牌模型的边坡稳定性计算方法，克服了传统稳定性算法的整体安全系数的局限性。卢应发等人将边坡渐进破坏理念运用于工程设计中，优化边坡治理方案取得了显著的效果。

在边坡变形影响因素的视角下，除了在边坡自身重力作用导致的土体变形外，边坡土体的水分、温度、盐分、酸碱度都可以在边坡应力场作用下产生附加变形。尤其是在特殊土方面，如黄土湿陷、盐渍土盐胀、冻土冻胀都是在考虑其敏感性因素下进行研究的。这些因素可以归结为边坡变形的内因，而边坡设计方案、加固手段的选择也是导致边坡变形的内因之一。此外，还有一些外部因素也可能导致边坡变形，例如工程扰动、降雨、地震等自然灾害都会对边坡土体自身性质产生影响，从而导致边坡变形。

黄土作为一种具有水敏性的特殊土，在西北干旱、半干旱区域广泛分布。1990 年，张苏民等首次提出黄土增湿变形，即认为黄土在一定压力下会因含水量的增加导致变形稳定的黄土产生附加变形。胡再强等将黄土压缩曲线上的转折点定义为结构强度，研究黄土结构性对其湿陷性能的影响。刑义川等从基质吸力的角度揭示黄土湿陷力学机制，促进了非饱和土力学的发展。此后，学者们建立增湿、减湿及干湿循环下黄土的本构方程，以此表达黄土湿陷变形。现如今在微观土力学下，学者们利用电镜发现黄土的湿陷性与其自身土颗粒间的结构有关，土颗粒间的架空结构是黄土发生湿陷的必要条件，土骨架间的连接方式也会影响黄土湿陷量。当今黄土填方边坡的研究将宏、细、微观相结合，综合利用模型试验、土工试验及土体微观结构观察等手段开展黄土研究。陈林万等得出孔隙总面积和随压实度的增加而减小、镶嵌孔隙的占比随压实度的增加而增加的结论。Zhang等通过固结排水压缩试验，发现压实黄土普遍比原状黄土的有效应力摩擦角大14%。Pires等根据利用CT技术进行的研究，对于涉及干湿循环的黏性土壤孔隙结构的测量过程进行了评估，发现在干湿循环后，黏性土壤的孔隙大小、取向和形状发生了一定的变化，然而孔隙率和孔隙连通性的变化则不太显著。

从工程角度考虑，边坡工程的失稳通常由短时间内土体大变形引起，因此深入了解边坡案例失稳原因可以发现边坡变形的具体表现方式，从而更好地指导边坡工程设计与施工。边坡工程属于在公路工程领域属于危险性较大工程，不少边坡工程案例发生大变形甚至垮塌、失稳破坏的现象，分析其变形破坏过程，主要存在以下问题：

（1）内部因素和外部因素缺乏全面的考虑和评估，导致设计和施工过程中出现重大失误；

（2）对边坡工程的监测和预警机制不够完善，无法及时发现和处理变形现象；

（3）边坡加固手段的选择和实施不够科学和合理，无法达到预期的效果；

（4）岩土体物理性质的测试和分析不够准确和全面，导致对边坡工程的安全性评估存在较大误差。

总之，研究边坡变形需要深入探究土体变形的机理，同时也需要通过边坡的实际变形结果验证相应的变形理论。从土体变形机理出发研究边坡变形（从因到果），通常需要进行大量的室内试验和数值分析，量化土体的物理性质、力学特性，进而推导出引起边坡变形的具体原因，如黄土湿陷、设计缺陷等。也要从边坡变形的实际结果入手（从果到因），如边坡的位移、裂缝等，从中推断出造成这些变形的机理和原因。这样才能全面了解边坡变形的机制，为边坡的稳定性评估和失稳防治提供科学依据。

1.2.3 边坡变形监测技术研究现状

边坡变形监测技术的发展历程可以分为三个阶段：探索期、深化期和发展期。

探索期的边坡监测为定性评价，该阶段主要通过人工巡视并结合使用简单的工具（皮尺、贴纸条）及发觉的异常现象（地下水异常、醉汉林、刀马林等）对边坡采取定性分析，根据经验综合评价边坡稳定情况。

深化期（20世纪50～90年代）的边坡监测进入理论研究和半定量评价阶段。随着监测技术的发展和仪器的研发，国内外学者将现代数理、力学理论模型引入边坡监测中，形成多种基于边坡变形监测的预警方法（如"斋藤法""卡尔曼平滑算法"等），成功预测了滑坡灾害。由于监测项目由表入深、愈渐复杂，监测设备也趋于多样化，但总体为基于光学仪器的人工变形监测，其劳动强度大，容易受地形、通视条件等干扰因素的影响。

20世纪90年代以后边坡监测技术进入发展期，在此期间电子信息技术的快速发展，以致于边坡监测手段愈渐丰富，新技术的应用如3S技术、三维激光扫描技术（Laser Range Scanner）、时域反射技术（TDR）、合成孔径雷达干涉（InSAR）、摄影测量技术使得边坡监测向自动化、实时化和信息化方向发展。

常规边坡变形监测技术及其特点 表1-1

监测内容		监测方法	监测方法及特点	适用范围
地表变形	沉降	全站仪 水准仪	投入快且精度高,可连续监测,但受地形、气候及通视条件的影响	各变形阶段
	水平位移	全站仪 测距仪		
深部变形	分层沉降	分层沉降计 分层沉降标	精度高、成本较低、操作简单,可判断滑动面位置但不能养护	一般用于施工阶段(测斜仪可用结构)
	水平位移	测斜仪		
应力	土压力	土压力计	精度与安装工艺相关,成本较低但不易养护	一般用于施工阶段
	孔隙水压力	孔隙水压力计		
水	地下水位	观测孔水位计	操作简单、成本低	各变形阶段
地表裂缝		裂缝计 卡尺	操作简单直观,但裂缝计不易保护	各变形阶段

  边坡监测是了解边坡变形过程的重要途径,同时也是边坡灾害预测、预警的基本要求,常规监测技术及其特点如表1-1中所示。为了克服基于人工作业的常规监测手段所带来的效率低、易受多方影响等不利因素,学者们陆续开发出新型监测技术,以适应不同的研究需求。将新型监测技术根据其使用特性分为接触型和非接触型,其分类情况如图1-4所示。由于接触型监测技术实际运用并不广泛,对其代表性技术进行概述。

  分布式光纤传感技术(Distributed Fiber Optic Strain Sensor,DFOSS)是一种基于光纤作为传感敏感元件和信号传输介质,通过分析光纤中反射光的波长、频率等变化,实现对光纤周围环境参数,如温度、应变等

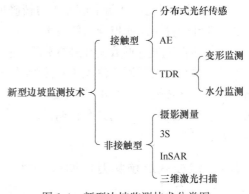

图1-4 新型边坡监测技术分类图

进行测量的技术。该技术可以实现分布式监测且具有抗干扰能力强、灵敏度高、轻便等优点,因此被广泛应用于边坡监测领域。其中,光纤布拉格光栅(Fiber Bragg Grating,FBG)和布里渊光时域反射(Brillouin Optical Time Domain Reflection,BOTDR)技术应用最为广泛。

  声发射(Acoustic Emission,AE)基于声波传播原理,可以通过埋置检波仪检测岩土体内部的微小声波来识别和定位破裂、变形的位置和程度,进而衡量其应力状态,其监测原理如图1-5所示。早在20世纪中后期,Rober通过对照组试验发现土的级配、颗粒大小以及应力状态水平都会对AE结果产生影响。Dixon等对AE室内试验总结后,通过声发射率将边坡变形分为慢、中、快三个等级,并应用于现场试验中。陈乔等对剪切破坏土的次声监测进行了试验研究,探索了土质滑坡中次声产生的机理。该技术与传统变形监

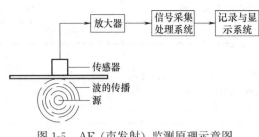

图1-5 AE（声发射）监测原理示意图

测技术相比，具有成本低、易监测、应用广等优点。

时域反射技术（Time Domain Reflection，TDR）可以通过信号在通过某类传输环境传导时引起的反射，判断导线、电缆、PCB等信号传输线路长度和故障的电测技术。该技术通过测量反射波的时间和强度等信息，可精准地定位线路中的故障位置。基于该技术特性应用于地下工程领域，将导线埋置于边坡深部土体可以反映深部土体变形情况，再根据变形异常峰值即可确定边坡确定变形集中区域，判断边坡稳定情况。Aghda等将TDR传感器和测斜仪安装在同一钻孔中监测Darian大坝边坡变形状态，发现TDR技术相比于测斜仪更为敏感，可以更好地监测滑动面中的微小变形；由于土壤中的水分对高频脉冲信号的传播速度和反射特性具有影响，TDR技术还可以测量土体水分。穆青翼等对TDR技术应用于黄土原位测试进行了研究及展望。

非接触式监测方法在边坡监测中应用广泛，不仅效率高，而且精度也符合使用需求。沈强通过比较GNSS测量技术与传统测量方法的优劣，证明了GNSS测量技术具有全天候作业的优势，并且可以达到山区高速公路边坡监测的精度要求。许文学等则针对高填方边坡变形监测中传统测量方法的缺点，提出了采用光束法平差处理监测数据的新方法，并与GPS法进行对比，证明了该方法的精确度。宋羽等则提出了一种基于外业三维激光扫描加内业T-样条曲面拟合的新技术，该方法可达到更高的监测精度。赵亮等通过三维激光扫描仪测得边坡变形数据并进行分析，提出了高精度三维激光扫描监测方法，可有效减小误差。非接触式监测方法无法直接测量岩土体内部的变形情况，其测量方法可能会导致测量误差。在需要测量精准相对变形的情况下，仍需使用传统的接触式监测方法加以补充。非接触式监测方法仍具有长期稳定、全天候作业、大面积监测等优势，是重要的边坡监测方法之一。

1.2.4 边坡变形预测方法研究现状

认识到边坡变形的重要意义，从20世纪90年代开始，随着监测设备的革新和计算机技术的发展，基于工程测量学，工程力学，概率论，统计学，复杂算法理论等多门学科交叉研究下，出现了许多进行边坡变形预测的方法，总体上可以归为两种：理论型预测方法和统计型预测方法。

（1）理论型预测方法

理论型预测方法是从边坡变形机理出发，分析边坡变形特性，通过理论推导来构建模型，具有明确的数学表达，能够反映边坡变形的物理实质。

斋藤法是最基本的理论型预测方法，将土体变形分为三个阶段，分别是减速、稳定和加速阶段。其中，稳定和加速阶段的应变速率被定义为基本参数。对于均质土坡的稳定阶段，斋藤法将各时刻的应变速率和距离破坏时刻的时间差的对数定义为反比关系。通过计算加速阶段变形量相等的三个时间来预测滑坡发生时间，并能建立相应的经验公式。在斋藤法的基础上，众多学者提出了许多扩展模型，如苏爱军模型、福囿斜坡时间预报法等。

苗胜军等考虑了岩体边坡临近滑坡但未滑落部位的变形状况，将变形三阶段拓宽为变形发展四阶段，并基于 Verhulst 模型建立了改进滑坡时间预测模型。

1953 年，计算机的高速发展衍生出了数值模拟技术，但由于条件限制只能求解一维一相问题。而科技发展日新月异，数值模拟能建立边坡实际模型，考虑各种因素影响，数字化坡体内的应力应变关系，已成为分析解决岩土工程问题的关键技术。常用的数值模拟方法包括使用变分原理求解的有限元法，使用边界积分离散化求解的边界元法，使用最小势能原理求解的有限差分法，以及使用牛顿运动定律显示求解的离散元法等。黄达等建立了反倾岩质边坡的离散元模型，通过预置随机裂隙的方式得到了破裂面的演化规律。唐宇峰等采用光滑粒子流体动力学（SPH）法准确地模拟了土质边坡失稳后发生滑坡的大变形过程。Lv 等提出了一种基于粒子接触的无网格方法（PCMM 法），通过离散元软件模拟分析了边坡的变形过程和破坏特征，得出的边坡变形破坏规律与实验结果相一致，为边坡弹塑性分析和滑动过程监测提供了一种新的模拟方法。Luo 等通过相似模型试验和数值模拟相结合的方法，探讨了地下开采应力传递特征及相应的露天边坡稳定性。Cheng 等提出了一种非线性迭代算法，并在有限元程序 TFINE 对蓄水过程模拟中，发现蓄水会改变边坡有效应力，从而使得水库边坡屈服面变化产生塑性变形。

（2）统计型预测方法

统计型预测方法重点在于分析边坡实测变形数据的统计意义，研究变形与时间关系。曲线拟合法由于简单直接，预测精度较准，是最常用的统计型方法。通常情况下，由于实测难度较大，边坡实测数据往往较少且具模糊性，这恰与灰色系统理论较为契合，因此边坡变形的灰色预测模型得到了广泛应用。党星海等使用卡尔曼滤波法对数据进行去噪处理，让传统灰色模型预测精度更高。Zhang 等将传统的 GM（l，l）灰色模型改进为 TGM（l，n，p，q）灰色模型，增加非线性时间校正因子，并用遗传算法优化了背景值的加权系数，对 5 个监测钻孔的时间序列数据与预测值进行了比较，结果表明，TGM（l，n，p，q）在滑坡变形场预测中具有良好的预测精度。变形监测数据是最普遍的时间序列，有的学者采用时间序列模型进行预测，其中最为经典的是 ARIMA（p，d，q）模型，也即自回归差分滑动平均模型。刘寒冰、Yan 等对利用 ARIMA 模型取得了比较理想的变形预测结果。但由于实测变形序列往往是非平稳、非正态的，王江荣等在自回归移动平均（ARIMA）模型中加入经验模态分解技术。为解决边坡变形实测数据的不确定性，以及受强噪声影响使得变形趋势不明确的问题，段青达等提出了这一种高精度的基于 EEMD-SVD 的 ARIMA-GRNN 预测模型。Wu 等将 GM（l，l）模型引入分形模型中，不仅实现了高精度的矿山边坡变形预测，而且分形模型更能抵抗数据序列中存在的波动性。

边坡变形受多种因素影响，实测变形往往表现出强的非线性。随着机器学习和人工智能的兴起，其在处理非线性问题和多因素分析中表现出了良好的性能。因此，采用诸如人工神经网络（Artificial Neural Network，ANN）、支持向量机（Support Vector Machine，SVM）等智能算法可以较准确地预测变形的非线性。Wang 等、Melchiorre 等运用人工神经网络对边坡的沉降变形进行了预测研究。Pradhan 等采用人工神经网络模型提供的滑坡发生因子分析了滑坡的易发性，然后结合数学中的逻辑回归方法，对滑坡变形作了预测分析。Cao Y 等以三峡地区白家宝滑坡为例，提出了一种极端学习机，通过分析滑坡变形、降雨、水库水位和地下水位之间的响应关系，建立了与控制因素相关的滑坡位移预测模，具有较高的预测精度。Jia 等将混沌时间序列得到的地质体位移数据作为 SVM 的训练样本，实现了多变量耦合引起的边坡位移的单变量预测。Ma 等重点考虑了各监测点变形数据的时序性和空间相关性，提出了一种利用图卷积网络进行变形预测的深度学习模型。Cao 等充分利用灰色模型处理小数据量的优势和神经网络处理非线性的优势，构建了灰色神经网络变形预测模型。然而，此类智能算法在参数寻优过程中经常需要过多地尝试，结合遗传算法（Genetic Algorithm，GA）、粒子群算法（Particle Swarm Optimization，PSO）等优化算法进行参数寻优的组合预测方法得到了越来越多的研究。

综上所述，边坡变形预测方法层出不穷。理论型预测方法对边坡变形有明确的物理解释，统计型模型则重点考虑变形监测数据的统计意义，精度较为准确。但同时也存在一些问题，理论型预测方法需要有足够的边坡地质特征统计数据，统计型预测方法则过于依赖实测变形数据，难以对设计施工起指导性意义，两种方法都有一定的应用限制。

1.2.5 基于随机场的变形分析研究现状

土体作为自然沉积的产物，其在形成过程中，由于不同的矿物成分，结构组成，历史环境等因素，使其在水平方向或竖直方向是具有一定空间变异性和相关性的存在。工程中常使用均质和随机变量来描述岩土材料严格来说是不恰当的，Vanmarcke 最早提出的土性剖面随机场模型，让土的变异性问题由"点特性"过渡到了"空间特性"。由于考虑土性参数随机场特性更加符合实际情况，使得在边坡稳定性和可靠度分析方面取得了广泛的应用。而与边坡稳定性问题息息相关的边坡变形问题同样可用随机场理论进行研究。赵振华研究发现考虑弹性模量空间变异性比不考虑的基础沉降计算结果精度更高，验证了随机场理论地基沉降计算中应用的可行性与合理性。张继周等利用随机场的局部平均理论，确立了计算参数由点特性过渡到空间平均特性的方差计算方法。结合分层总和法，推导了能反映土性参数空间变异性单层及多层基础沉降表达式。刘先林等建立了花岗岩软土压缩模量和强度参数的随机场模型，通过计算获得的随机场理论沉降值上下限与实测沉降值较为吻合。李健斌等将土体弹性模量随机场赋予双线盾构隧道施工地层有限差分模型，采用蒙特卡洛法进行了弹性模量竖向、水平波动距离及其变异系数对隧道施工地层变形的随机分析。Zhang 等采用随机有限差分法（RFDM）研究了土体空间变化与地表扰动对既有隧道的耦合作用，通过离散土体杨氏模量随机场发现忽略空间变异性会造成对隧道收敛的低估。Yi 等评估了土体参数的空间变异性对基坑开挖引起的地表及挡土墙变形的影响。Tahmasebi 等通过建立杨氏模量三维随机场结合有限差分法的研究发现，随着水平波动范围的增加，隧道施工地层地表最大沉降平均值从 28 mm 增加到 31 mm，其沉降变异系数也从 0.02 增加到 0.35，但最终会趋于稳定，此外，其发现忽略土壤性质的空间变异性会导致对地表过度沉降风险的低估。Yue 等进行土性参数随机场和均匀场的模拟发现，随机场模型比相应的均匀场模型能更好地捕捉差异沉降。

综上所述，相关研究证明了随机场理论在变形分析中的可行性及合理性，但大多数学者多是考虑土体弹性模量空间变异性，围绕地基沉降、隧道地表变形等方面，而考虑蠕变随机性的边坡长期变形预测研究相对较少。

1.3　黄土挖填方边坡稳定性研究现状

1.3.1　降雨作用下多级加筋黄土边坡稳定性研究现状

降雨作为影响十分广泛且普遍的一种自然现象，在边坡失稳诸多因素中位列前茅，在这种情况下研究降雨条件下的边坡稳定性就显得尤为重要。降雨型滑坡机理主要分为在雨水渗入后土体饱和度上升，重度增加，下滑力加大；土体饱和度上升，基质吸力消散，有效应力减低，抗剪强度衰弱，抗滑力减小两种。

国内，许旭堂和孔郁斐等人通过降雨模拟和监测系统相结合的监测手段，揭示了降雨入渗对非饱和土坡稳定性的影响机制以及对非饱和土强度与稳定性的弱化作用。曾昌禄和叶帅华等人通过室内降雨缩尺模型和有限元模拟，通过监测土体含水量、基质吸力、变形、有效应力、潜在滑移面以及安全系数，来探究黄土边坡雨水入渗规律以及稳定性。田海等人采用新型介质雾化喷嘴离心场降雨模拟设备模拟加筋松散堆积体边坡降雨，结果表明降雨对水平位移影响大，同时支护格栅可显著提高稳定性。韩宇琨等人通过对比数值模拟与试验验证得出土工格室对减少土体流失有积极效果，可有效减缓雨水对坡体的冲刷。张率宁利用有限元软件建立降雨条件下的边坡模型，模拟分析通过改变降雨历时、强度、类型等因素对孔压与安全系数变化发展的影响，结果表明：降雨历时、强度、类型逐渐增大导致孔压增大，孔压改变影响基质吸力改变，进而导致抗剪强度减小，最终安全系数也随之减小。薛健通过建立数值模型，并考虑渗流在不同工况条件下对边坡稳定性的影响，得出以下结论：对比分析是否考虑渗流的计算结果，得出渗流对土体强度有较为明显的影响，故分析边坡稳定性时应当考虑渗流作用；对比分析渗流作用下是否考虑应力场与渗流场耦合计算结果，得出考虑耦合作用对稳定性分析有一定影响，故考虑流固耦合对边坡稳定性分析结果更全面，也更加接近实际情况。李玉瑞等人通过模型试验研究分析降雨对桩锚—加筋土组合支挡结构加固边坡稳定性的影响，结果表明多级边坡加固可适当增加边坡锚索框架以增强边坡稳定性。汪传武通过土体中的导管的数目及尺寸从微观角度解释了土体中雨水渗流的过程，在此基础上指出边坡上层土体逐渐由非饱和状态发展为饱和状态，而中下部土体的含水量也会逐渐增加。杨校辉等人建立有限长边坡与不平衡推力法相结合的稳定性动态计算公式，研究折线型滑裂面堆积体边坡在降雨作用下的稳定性，并通过试验验证其合理性。成永亮等人基于流固耦合方法和极限平衡理论，从时序作用下的沟谷区高填方地基变形与边坡稳定性的角度进行分析。该研究成果对削山填沟工程的高填方边坡风险评估和地质灾害防治提供了技术和实践经验。杨帆等人通过人工降雨物理实验模拟黄土填方边坡降雨侵蚀问题，提出基于自然的 NbS 理念的边坡控水结构，研究表明其在增强边坡稳定性、提高抗侵蚀能力等方面的有效性。高丙丽等人基于离散元数值分析方法针对单滑面和双滑面型块体构建了考虑结构面降雨劣化的稳定性分析数学模型，并提出以降雨历时、强度和块体稳定性关系曲线的共同评价体系。吴庆华等人通过模拟降雨试验研究了非饱和二元结构地层阻隔降雨入渗的能力，并通过综合评估方法来确定其阻隔能力，并对不同边坡角度和地层岩性特征进行研究，为边坡稳定治理提供了重要的参考价值。陈结等人采用了室内声学测试和力学测试，研究降雨作用下岩石的声-力学特性进行了研究，结果表明降雨导致声发射信号呈现减弱趋势、岩体破坏同时具有剪切和张拉破坏。

国外，Chinkulkijniwat A 等人通过对不同降雨强度、时间、间歇下的试验，研究发现在一定土体类型下，水文响应的大小取决于降雨强度的大小，而与坡度和初始含水量无关。Chatra A S 等人通过有限差分法研究降雨强度、历时对孔压、饱和度、稳定性的影响，结果表明土体越密实降雨对其影响越小。Yang K H 等人通过数值模型研究填土等因素对加筋土边坡在雨水入渗作用下的稳定性进行分析，提出了考虑沙垫的边坡加固方案。Yang K H 等人对四级加筋边坡进行雨后滑坡调查，耦合水力-力学有限元分析方法，研究了滑坡的成因和激发因素，结果表明滑坡发生是由于坡体内部出现正向孔压。Rahardjo H 设计了 GBS 地理屏障系统，来保护边坡免受降雨影响，并利用回收材料解决了成本过高的问题。Guan-yi C 等人通过大量试验和案例基于数值模型，对不同降雨条件下普通土和加固膨胀土边坡的应力场、滑动面深度和渗流场进行了对比分析，并对不同设计方案下的格栅力学特性进行了比较和分析。Habtemariam B G 等人通过有限元软件结合 LEM 方法探讨了边坡稳定性，分析土体特性和边坡角度对坡体变形和稳定性的影响，并发现坡度和土体细粒含量对边坡稳定性影响显著。Wang Y 等人通过考虑植物根系的影响，研究湿陷性土坡的稳定性，采用强度折减法以及 ABAQUS 软件进行模拟分析，并揭示了根系对土坡位移、塑性区和浅层稳定性的影响。Paronuzzi P 等人通过描述意大利东北部 Friuli Venezia Giulia 地区降雨滑坡失稳机制，研究发现平地与陡坡之间在降雨过后一段时间内会出现相互作用水流。Jayanandan M 等人通过离心模型试验研究加筋挡土墙在降雨条件下筋材对其影响，结果表明 DIA 与离心机物理模型试验结合在研究降雨条件下 GRSWs 的有效应用。

1.3.2 地震作用下多级加筋黄土边坡动力响应研究现状

地震作为边坡失稳的主要因素之一，受到岩土工程学界广泛关注，动力响应分析更是判断地震作用下边坡稳定性的主要依据。其中，加筋土边坡具有良好的抗震性能及经济效益等优点广泛出现在工程领域。

国内，王建等人根据汶川地震资料分析，提出以控制侧向位移变形为核心的路堤边坡土工格栅铺设方案，并通过振动台试验对比分析加筋与未加筋路堤边坡动力响应规律，研究表明二级边坡坡顶铺满格栅、台阶中上部铺设短筋可有效降低滑坡程度。言志信等人利用数值模拟软件建立多级黄土边坡，分析静力作用下位移、剪应变增量并在此基础上进行动力分析，结果表明：静力作用下水平位移沿坡高逐渐减小且显著大于竖直位移；地震作用下剪应变增量在坡脚往上部分发散扩张；黄土边坡对地震波具有临空放大效应和滞后效应。何国先利用有限元软件建立路堤模型分析不同影响因素下的动力响应，分析得出边坡高度、填料强度、地震烈度对路堤动力响应影响较大；通过加筋前后对比分析发现土工格栅对抑制路堤整体沉降和提高抗震性能有较好促进作用。杨国香等人利用缩尺模型振动台试验，通过输入不同频率、持续时间、振幅的正弦波来研究顺层及均质结构岩质边坡在动力响应及动力输入参数对边坡特性影响，试验分析表明：加速度分布表现出沿边坡高度非线性放大趋势；水平加速度放大效应主要表现在边坡中上部；竖直加速度放大效应主要表现在边坡中下部；其中频率对加速度影响最为显著，持续时间影响最小。张曦君采用有限差分软件模拟地震作用下的加筋土边坡，通过改变加筋材料刚度、竖向间距等条件来研究边坡水平位移，并模拟平铺式及反包式两种不同加筋方式对边坡稳定性的影响，结果表明后者具有整体性较强、位移小的优势，边坡不易失稳。王雪艳等人通过 ABAQUS 有限元软件建立边坡模型，采用等效地震荷载实现地震加载，改变地震波入射角度，分析研究多种坡率下的地震响应，结果表明不同坡率对边坡稳定性的影响较显著。叶帅华等人通过数值模拟软件建立多级黄土边坡模型，分析多级填方边坡动力响应变化规律，结果表明：坡面与坡体内部各监测点的位移、速度、加速度都随边坡高度增加而发生相应变化且变化趋势基本一致，同时发现位移、速度、加速度都具有滞后性；在其他条件不变的前提下对比分析单级边坡与多级边坡动力响应的不同，发现由于多级边坡卸载平台的存在形成坡面局部凹陷使得地震波在此处与反射波相互作用造成各高程处动力响应的不同。卢谅等人通过室内振动台试验验证提出的预应力反包式加筋土挡墙的可行性和合理性，并对侧向变形提供解决方案。杨博以含可液化层黄土边坡为研究对象，通过振动台试验和数值模拟利用傅里叶频谱分析和 Hilbret-Huang 变换分析边坡的放大效应，两种地震波在不同峰值加速度工况下土体对高频部分的过滤会影响放大系数的变化。张玲等人通过 ABAQUS 有限元软件与 Fortran 子程相结合的方法建立加筋路堤模型，分析移动荷载作用下动应力分布特性及车辆超载情况，深入研究动应力和动变形在路堤上表面 1.0m 以内范围的衰减规律，以及不同位置的动应力衰减系数。信春雷等人通过缩尺模型振动台试验对比分析均匀与不均匀台阶宽度边坡在多期地震作用下模拟不同震级的动力响应与变形特性，结果表明：在输入地震波峰值为 $0.1g \sim 0.6g$ 时加速度放大系数随着峰值单调递增，其次是不均匀台阶宽度边坡的第 2 级平台阴角处最先破坏；在输入地震波峰值为 $0.8g \sim 1.0g$ 时加速度放大系数随峰值单调递减，同时还表明 $0.6g$ 是两种边坡类型区分稳定性的"分水岭"；两种边坡反复出现拉剪破坏，平台阴角出现拉应力集中的现象，最终导致边坡破坏。

国外，1969 年 Vidal H 最先描述了加筋土原理以及其所具有的优势，并对实际施工如何布设提出指导。随后 Adams M T 等人利用大型荷载试验，研究加筋土基础的极限承载力的变化情况，通过多次试验表明使用土工合成材料加筋的地基可大大提高其极限承载力。Ali Ghaffari S 等人通过试验比较证明结合土工织物加筋和减小顶角的方法改善壳体基础的稳定性。Alhajj Chehade H 等人利用结合离散化技术对动力荷载下加筋土挡墙的内部稳定性进行研究，该法可逐点生成加筋结构的破坏机制。Zhang Z L 等人采用拟动力法研究在地震作用下非饱和土边坡破坏规律，避免传统方法中假设土体饱和而忽视地震波的时间和空间效应，创新点在于提出了一种考虑非饱和土拉应力裂缝的框架来研究边坡的地震稳定性，从而更准确地评估边坡的安全性。Chowdhury S 等人通过室内试验发现土工格栅对地震峰值加速度（PGA）以及峰值地面位移（PGD）有明显的缩放作用。Yue M 等人通过振动台模型试验研究加筋边坡动力响应，结果表明动力响应以边坡中部最为明显，其次是坡顶区域，坡脚区域变化最小最为稳定。Javdanian H 等人通过振动台试验与数值模拟对比分析加筋土边坡动力响应，施加不同地震波时筋材排布及拉伸强度对其永久位移的影响。Fatehi M 等人通过拟静力法研究地震作用下加筋土边坡动力响应，并研究了不同条件下所需土工格栅层数和强度的变化规律。

1.3.3　降雨-地震耦合作用下多级加筋黄土边坡稳定性研究现状

影响边坡稳定性有诸多因素，降雨和地震等自然灾害的影响，更是对边坡的稳定性构成了极大的挑战，通过对降雨地震耦合作用下边坡稳定性及失稳机理的研究，可以更好地掌握边坡稳定性的规律，为相关工程的设计和施工提供依据和参考。

国内，邹祖银等人通过有限元模拟与程序 USLOPE-FEM 相结合的方式研究降雨后地震高边坡稳定性分析，研究分析雨前塑性区集中在松散堆积体与岩层分界面，降雨初期含水量增加、抗剪强度降低坡顶出现饱和区，随着历时增加塑性区开始形成贯通区。王兰民等人通过模型试验分析黄土边坡降雨和地震耦合作用下降雨对动力响应的影响及地震对土体孔压等影响，结果表明：降雨使边坡自主频率、阻尼比和地震动放大效应发生变化；地震会引起土体液化发生滑坡。任德斌等人通过 ABAQUS 有限元软件研究地震和降雨作用下边坡稳定性的变化规律，并将极限平衡法与强度折减法相比较，结果表明降雨和地震对边坡稳定性和安全性的影响远大于其他因素。袁中夏等人利用有限元软件研究降雨和地震耦合对稳定性的影响，研究表明地震主要影响边坡表层土体，降雨主要影响表层和浅层土体这是由于降雨过程中土体有效应力减小所致，二者耦合作用下导致危险滑面发生变化。冯海洲等人通过振动台模型试验预应力锚索桩板墙边坡降雨和地震作用下的失稳模式及动力响应，结果表明破坏形式以张拉、剪切为主，PGA 放大显著需要重视惯性放大效应。张广招等人利用数值模拟分析降雨和地震耦合作用下边坡稳定性，结果表明降雨条件下地震力对水平位移影响显著，且降雨时间越长耦合情况下破坏越严重，坡表易发生浅层滑坡。利用大型振动台模型试验模拟基覆型边坡在雨后地震动力响应特性，研究表明冯海洲等人采用边际谱损伤识别和宏观破坏过程相结合的方法发现加速度放大系数 PGA 在边坡中上部放大效应显著，土体应变、动土应力、动孔压发展趋势都与加速度呈正相关；赵宏昱等人利用自制的模型箱发现降雨后发生地震二者间隔不同时间破坏形式基本一致。

国外，Fan X 等人利用实地调查、卫星遥感、无人机航拍和地震分析等技术，揭示了滑坡事件的运动特征、动态过程和诱发机制，通过地基合成孔径雷达监测，评估滑坡源区域潜在风险。Zhang X 等人通过数值模拟研究加筋土坡动态响应问题，地震和降雨的耦合效应是影响加筋土坡动态分析的重要因素，结果表明格栅与土体有效结合可提高整体稳定性，减少次生灾害的发生，为加筋土坡的抗震建设提供了借鉴。Layek S 等人利用无人机技术与差分全球定位系统（DGPS）精确校准模型，探讨了地震和降雨等自然因素对矿山堆积物边坡稳定性的影响。Yang B 等人通过室内振动台试验揭示了土体特性对边坡稳定性的影响，结果表明土体特性对边坡的破坏模式和机制具有重要影响，空间分布的水分和孔隙水压力是导致边坡破坏的两个关键因素。Wang 等人通过三维边坡动力模型研究地震和极端降雨对边坡的影响，推导出降雨和地震在渗流和法向应力表达式，并提出了一种严谨的整体分析方法来求解边坡的安全系数，结果表明孔隙率对安全系数影响较大，渗透系数及饱和度影响相对较小，考虑水平和垂直地震作用时，边坡稳定性较低。Zhou H 等人利用电阻率测量方法研究了地震和降雨条件下边坡的结构损伤演化和失稳机理，通过边坡内部时空演化揭示孔隙率变化，结果表明地震损伤使得坡体出现裂缝累积为雨水提供优先渗透通道，进而导致边坡内部含水量的迅速增加。

虽然诸多学者对降雨和地震作用下的边坡稳定性进行了研究分析，但是对多级加筋高填方边坡在地震和降雨作用下或两者耦合作用下的边坡稳定性及破坏机理分析研究较为有限。这就使多级加筋黄土填方边坡稳定性的研究显得尤为重要。

第2章 工程概况及变形监测分析

2.1 工程概况

多级加筋黄土填方边坡工程地处黄土高原梁峁沟地区，位于大面积黄土填方造地区域西北边缘。其原始地貌为冲沟发育下的黄土斜坡。场地总体地形为东北高，西南低，地面最大高差可达104m，下陡上缓坡度约30°，局部约50°～60°，坡体主要由更新统黄土组成，坡面植被发育良好。由于该区域规划要求，拟建建筑群西南侧为市政道路，但建筑群西南侧紧邻沟头，现有场地无法满足规划用地方案，必须利用挖方土回填冲沟及土斜坡以满足土地需求（图2-1）。

图2-1 工程挖填区卫星图

根据地区总体规划及场地条件，对研究区域土质斜坡进行工程治理。为了使坡脚尽量不占用耕地，设计采取多级边坡填方的形式，填方坡顶外缘距规划红线10m，该填方场地内的地基湿陷等级为Ⅱ级（中等），经多次论证后，工程最终采用水泥土及素土挤密桩进行填方地基处理，并利用抗滑桩加固坡脚、土工格栅加筋综合处理坡体以达到"强角固腰"的目的。填方边坡加筋分三个区域，共用土工格栅 28 万 m^2，边坡设计高度为 107m，水平距离约 229m，综合坡比约为 1：2.15，最大填筑厚度 52m 左右，原始斜坡清表、挖方量为 22.4 万 m^3。清表后填方量可达 120 万 m^3。填方边坡的施工顺序总体如下：地基处理——抗滑桩施工——盲沟——护脚墙施工——滑坡体平台开挖——挤土桩施工——土工格栅土方回填施工——三维网施工——平台施工——截排水沟工程——绿化工程。

2.1.1　研究区地形地貌

根据工程勘察报告可知，该区域具体可分为黄土堆积地貌、黄土侵蚀地貌及重力地貌。黄土堆积地貌包括黄土塬和黄土梁等；黄土侵蚀地貌主要为河谷和冲沟；重力地貌主要为黄土滑坡和崩滑堆积层。黄土梁区域主要地层结构为 Q_3 黄土、Q_2 黄土、N_2 红黏土和 J 砂岩泥岩；黄土冲沟区主要地层结构上部为第四系全新统地层，地质成因主要是冲洪积层。下部为 N_2 红黏土（局部可见）及 J 砂泥岩，第四系崩积层及滑坡堆积层主要分布在冲沟两侧山体上（图 2-2）。

图 2-2　填方区域原始场地特征

2.1.2　研究区水文气象条件

研究区存在季节性地表水和大深度地下水。根据工程勘察报告得知，地表水为黄土内梁之间冲沟间断性水流，水流量较小；地下水主要为第四系孔隙潜水和基岩裂隙水。含水层主要为中更新统风积黄土（Q_2^{eol}），且富水性较差，主要接受大气降水补给。

区域属于温带半干旱大陆性季风气候区，全年气候变化受制于季风环流影响。气候特点：冬季干冷，少雨雪，多刮西北风；春季干旱少雨，升温快，冷暖空气交汇频繁，风沙大，气温急升剧降；夏季炎热，多阵性天气且有伏旱；秋季降温迅速，湿润，多阴雨大雾天气。年最大冻土深度 70cm，常年盛行东风和东南风。

根据多年实测资料得知年降水量主要集中在 7～8 月，2 个月降水量占全年总降水量的44%，其中7月多年平均降雨量为123.2mm、8月为119.1mm；降水量最少的月份分别是1月、2月、12月，3个月的降水量仅占全年总降水量的2%。极端最小值整月无降水，大多出现在冬季3个月内。夏季多阵性雷雨天气，秋季多连阴雨天气。

2.1.3　地质构造及地震

研究区域大地构造位置位于十分稳定的中朝准地台陕甘宁台坳陕北台凹，虽然历史期间也曾有过地壳升降和海陆交替的历史，但也只是盆地的中心有所偏移，而盆地的整体结构并未遭到严重破坏。盆地中心显示出地层较为水平的格局。该区域褶皱和断裂稀少，大部分位于陕北台凹大型向斜构造的东翼，岩层呈向西缓倾的单层，倾角1°～5°，区内岩体稳定。新构造运动在本区中、新生代地层中变化不明显，褶皱断裂构造不发育，属新构造运动相对稳定区。整体表现为间歇性缓慢抬升。

地区处于构造运动相对稳定的地块，建设场地附近地区没有大型活动断裂带通过，区内地震水平较低，强度小，地震灾害轻，属于相对稳定区。据记载，历史上曾15次有感地震。根据国家现行规范《中国地震动参数区划图》GB 18306—2015，本项目所在区域地震动反应谱特征周期为0.40s，地震动峰值加速度为0.05g，相当于地震基本烈度为Ⅵ度。

2.1.4　不良地质现象

根据工程人员现场调查，研究区域原始地貌内分布的不良地质作用主要为滑坡、崩塌、潜在不稳定高边坡和黄土洞穴。

（1）古滑坡

黄土滑坡位于填方区黄土斜坡处。该滑坡为一古滑坡，滑坡体长约114m，宽约150m，厚度约15～30m，滑向240°，为中型深层黄土滑坡。分布高程1035～1073m，斜坡坡度约25°～30°，滑坡周界清晰，整体呈"舌"状，坡面呈台阶状，滑坡坡体两侧紧邻黄土沟谷，前缘呈明显陡坎，后壁近直立，高约20m，坡面呈台阶状，冲沟发育，植被较好（图2-3）。

图2-3　古滑坡全貌

该滑坡主要形成因素为河流侧蚀以及降雨。按照滑动力学性质分类，该滑坡属牵引式古滑坡，在滑坡体表面自上而下可见逐级错降的台坎。由于该滑坡处于延河左岸，原始坡体较陡，受河流侧蚀作用使坡体前部形成较大临空面，为滑坡提供了滑动临空面，稳定性降低。在雨水渗入作用下，坡体受重力作用发生剪切破坏，土体内部形成剪切滑移面，坡体整体发生滑动，沿坡脚剪出形成滑坡。

根据野外现场调查资料，该滑坡整体坡度较陡，滑坡中部呈一较宽平台，滑坡前缘岩土干燥，坡面上无裂缝发育，后缘及侧壁也无明显的变形痕迹，状态稳定，发育程度弱。

（2）崩塌

区域内发育黄土崩塌，自然坡度 40°～70°不等，上部由黄土，下部为砂泥岩组成。区内崩塌体由于受到自然与人类工程活动因素的影响，加之长期受地质力等作用，地表水在排泄过程中侵蚀切割严重，将黄土陡坎底部的黄土冲走而形成临空面或者使下部黄土浸水后强度大幅度降低，这些不利因素均给崩塌变形灾害创造了有利条件。

（3）潜在不稳定黄土高边坡

区域通过调查研究发现研究区西北侧潜在不稳定黄土高边坡存在黄土崩塌隐患或者部分区域已经发生崩塌，区域内发育的边坡一般高度在 10～60m，岩性组成主要为黄土，下部为砂泥岩。

（4）落水洞

由于黄土地区垂直节理发育，再加之其遇水具湿陷性，在雨水的作用下，易形成黄土落水洞。据现场调查，区域内主要发育在梯形耕地内、山脊半山腰、冲沟沟脑附近散布黄土洞穴、落水洞等不良地质灾害约 3 处。主要为湿陷性黄土在地表水浸湿、冲刷下发生塌陷、湿陷，形成黄土陷穴、落水洞。大多陷穴、落水洞与地下的一些暗沟相连通，作为地表水一种排泄通道，其规模不大，洞口一般直径 30～90cm，深度一般在 1.5～4.0m。考虑到这一不良地质作用影响，在挖填施工时对黄土洞穴进行回填并夯实，防止黄土陷穴成为水流通道。

（5）填方边坡工程现况

对该工程实例多次走访调查后发现，边坡在完工后部分区域表观变形较为显著，主要表现为在坡顶公路上有明显的张拉裂缝发育，如图 2-4 所示。

(a) 完工初期坡顶道路裂缝   (b) 修补后坡顶道路裂缝   (c) 近期坡顶道路裂缝

图 2-4　坡顶道路拉裂缝发展情况

　　边坡变形导致在次级边坡坡肩位置的混凝土结构易发育剪切裂缝，如图 2-5 所示。初步推测裂缝产生的原因，因排水沟及坡面阶梯自重小且刚度大，在边坡坡表沉降及水平变形作用下，这些构筑物与坡表在变形最为显著的次级边坡坡肩处发生分离，从而导致了结构在不均匀变形下发生了拉裂缝（图 2-6）。

(a) 排水沟侧壁拉裂缝　　　　　　(b) 边坡阶梯扶手锚固处开裂　　　　　(c) 排水沟45°拉裂缝

图 2-5　坡肩设施裂缝发展状况

图 2-6　边坡工程现状全貌图

2.2　监测目的

　　课题研究区域位于黄土高原梁峁沟地区，区域内地形起伏较大，由于市政道路的规划需要对原始斜坡进行挖填改造。边坡在挖方卸载、填方堆载外加施工扰动的条件下会出现大面积的形变，而该边坡高度大，需要利用各种测量手段，建立地表和地下深部的立体监测网，对不同原始地貌特征填方区域的变形及差异变形在时间序列上进行分析，以确保边坡施工及完工后运营安全可靠。

2.3　监测方案

　　边坡变形监测主要分为施工期间监测和完工后变形监测，监测内容为坡体表面位移、抗滑桩土压力、桩体倾斜及土体深层水平位移。根据挖方填方设计情况，按照危险性较大部分区域和工程自身特征，将该边坡工程按照原始边坡的地形地貌沿着边坡走向划为五个监测断面。1号监测断面紧邻西北侧黄土崖，1、2、3号监测断面间相距约30m；3、4、5号监测断面间相距约50m。边坡监测点平面布置图如图2-7所示。

1号监测断面原始地貌为斜坡西北侧的黄土冲沟，此断面上填土边坡的最大填筑厚度可达50m；2号监测断面原始地貌为古滑坡侧向边缘，断面最大填筑区域位于切坡后的古滑坡后缘至坡顶处，垂直距离可达30m；3号监测断面的原始地貌为古滑坡平台及滑舌处，此断面在填筑前需要进行地基处理，挖掉古滑舌上的软弱土层后用素土挤密桩加固，挖方后填筑厚度可达21m。断面最大填筑厚度为29m位于古滑坡后缘上。1、2、3号监测断面如图2-8所示。为了与下一章补充勘察内容相对应，本节将重点研究1、2、3号监测断面的变形情况；4、5号监测断面的各监测点变形情况也会给出，但不会作深度分析。

边坡表面沉降采用高精度水准仪系统测量，边坡表面水平位移采用全站仪测量。抗滑桩桩体的深部位移采用固定式测斜仪进行监测；边坡土体的深层水平位移采用滑动式测斜仪进行采集；桩孔在混凝土浇筑前安装振弦式土压力计。

2.3.1　监测点的布设

监测点按照"突出重点、及时有效、经济合理"的原则进行布设。监测数据应反映整个填方边坡的变形状况，并在监测过程中尽量不受施工影响、方便监测工作开展。由于填方工程需要填筑至设计标高才能布设监测点且布设需要时间，所以本节施工期间的监测是基于边坡坡脚区域填筑完成且产生部分变形的条件下进行的。

边坡监测内容为坡体表面位移、抗滑桩土压力、桩体倾斜及土体深层水平位移。但由于技术原因只有部分监测点可以采集到有效数据，所以在本章中介绍的监测点皆为有效监测点。在填方边坡中，布置了5个沉降监测基准点、22个地表沉降监测点及6个地表水平位移监测点、1个土体深层水平位移监测点、2个抗滑桩体倾斜监测点及2个抗滑桩桩背土压力监测点，布设情况见图2-7及图2-8监测点布设情况图。具体地：

（1）边坡表面位移监测：在填方边坡填筑至设计标高后，设置监测点并埋设位监测桩，建立坡面位移监测网。监测点沿着设计的填方坡面高差每隔20m设置1个监测点，其中1、2号监测断面各有5个；3、4号监测断面各有4个；5号监测断面有3个，共22个监测点，包括坡脚挡墙处的一个监测点。此外，填方边坡表面位移观测还布置有5个基准点，为了使基准点通视良好，皆布置于填方边坡周边的黄土梁上；

（2）桩体倾斜监测：填方边坡抗滑桩浇筑前，在桩体钢筋笼内绑扎测斜管并安装固定测斜仪，以研究抗滑桩3♯、14♯（分别位于1、3号监测断面）在填筑过程中的倾斜及水平位移情况。其中，3♯桩测量深度为25m、14♯桩测量深度为35m；

（3）土压力监测：在抗滑桩3♯、8♯桩背处埋设土压力计。由于抗滑桩施工工艺采取先填筑，后挖孔浇注的方式，因此需要在人工挖孔孔壁上挖槽放置土压力计；

（4）土体深层水平位移监测：在填筑过程中，需要将测斜管置于填土中，利用滑动式测斜仪读取测斜管变形数据，以反映土体水平位移。因为测斜仪具有防水功能，所以它也可以作为地下水位监测的装置。由于不可抗力因素，现存完好的测斜管仅有H7（位于3号监测断面2级坡面平台上）。

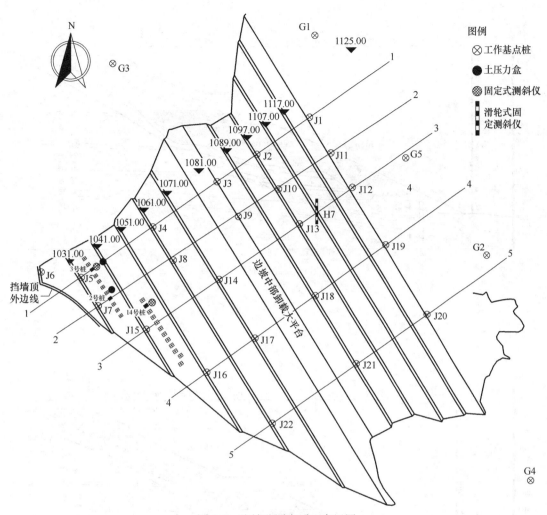

图 2-7 边坡监测点平面布置图

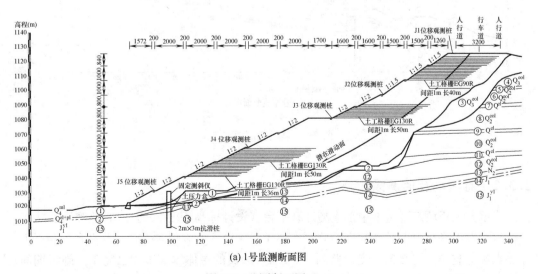

(a) 1号监测断面图

图 2-8 监测断面图（一）

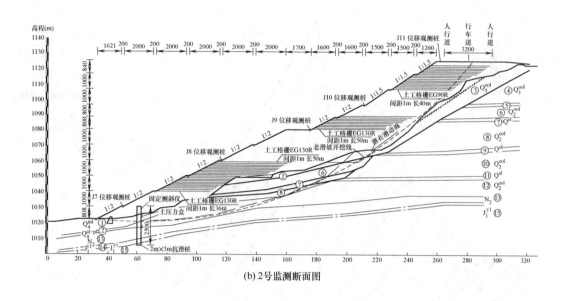

(b) 2号监测断面图

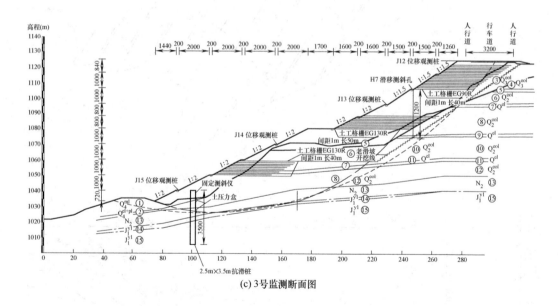

(c) 3号监测断面图

图 2-8　监测断面图（二）

2.3.2　监测期及监测频率

当填方工程填筑至边坡中部大型卸载平台（设计标高 1081.00）时，监测同步施工开始进行。由于平台以上设计标高的监测点还无法布设，所以仅对平台上及平台标高以下的监测点实施监测（图 2-9）。变形监测 200d 后，边坡的主体填筑工程已完工。施工期间边坡表面位移监测频率为 2d 一次。完工后为 1 个月一次。

(a) 监测基准点　　　　　　　(b) 监测点　　　　　　　(c) 桩体测斜管布设

(d) 深层水平位移测量　　(e) 土压力计布设　　(f) 抗滑桩传感器布置　　(g) 测斜仪布置

图 2-9　监测点布设情况图

2.4　监测结果及分析

2.4.1　施工期间变形监测结果

将边坡填筑至中部大型卸载平台（设计标高 1081.00）与边坡填筑至三级坡面平台上（设计标高 1097.00）期间作为工况一；再将后续工程量作为工况二。分析施工工况对于黄土边坡变形的影响，工况现场如图 2-10 所示。

工况一　　　　　　　　　　　工况二

图 2-10　工况现场图

（1）边坡表面沉降监测

统计监测数据，绘制施工期间各监测断面监测点的沉降历程曲线如图 2-11 所示。各监测点在施工监测期前 80d 均有抬升的现象发生。初步推测是由于在填方前对古滑坡软弱土体进行了开挖及挤密桩地基处理导致边坡地基土轻微回弹，同时又由于填筑过程中土体分层振动碾压导致监测工作出现观测误差。在观测 40d 后，这些抬升逐渐开始消散。

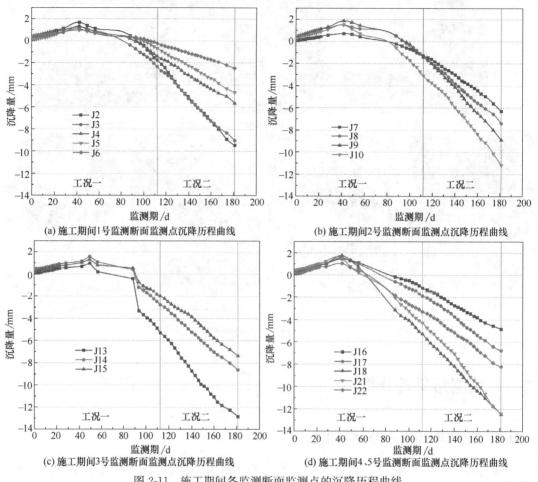

图 2-11　施工期间各监测断面监测点的沉降历程曲线

由图 2-11 可知沉降历程曲线较为平滑，说明工况对于各监测点沉降速率的影响并不大，初步推测是由于边坡分层填筑导致上覆土体的加载速率较为均匀。总体来说，发现监测点沉降量与其下覆回填土厚度有最为直接的关系。以下为各断面各监测点的详细变形陈述，"J×"表示"监测点 J×"。

由图 2-11（a）可知，1 号断面中，坡脚挡墙边缘土体上 J6 沉降量最小，J4、J5 周边土体在监测实施前已经完成部分沉降，所以沉降量稍小分别为 −5.65mm 和 −4.67mm。J2、J3 周边土体已填筑完成时间短，沉降量最大，但相比于其他监测断面同设计高程处的监测点沉降情况，1 号监测断面沉降量最小。由此推测黄土冲沟周边侧壁对填土有侧限作用可以暂时减少土体沉降。

2 号断面中，各监测点沉降较为规律，随设计坡高增加，沉降增大。可以看出切坡位置 J9 在监测开始时曲线上台最为明显，这也是监测点在施工期间上台变形推论的部分佐证。

3 号断面中，各监测点的在时间历程上的沉降量与其下覆填土厚度正相关，J13 下覆回填土最厚，沉降最大可达 −12.82mm。

（2）边坡水平位移监测

由于边坡水平位移监测数据只有 4、5 号监测断面各监测点，所以仅给出最终监测结果与沉降数据予以对比，如图 2-11（d）所示。施工结束后 J17、J18、J21、J22 临空面方向的水平位移为 81.6mm、81.1mm、81.7mm、38.8mm，监测点的沉降与水平位移之比为 0.083、0.154、0.151、0.211。相比于沉降，填方边坡坡面在施工阶段的水平位移为边坡变形的主要分量。

2.4.2 完工后变形监测结果

（1）边坡表面沉降监测

将填筑完工的边坡沉降状态作为初始状态，处理变形监测数据后发现：整体上来看，边坡填方完工后 200d 内各监测点变形沉降量较大，大致为边坡施工期间沉降的 5～6 倍，且沉降速率较大。200d 后，填筑深度较小的部分区域沉降变形趋于收敛，但大部分监测点沉降仍在继续发展。

为了便于观察变形结果，本人按照边坡表面位移监测点的分布情况，将完工后沉降数据划分为坡脚、坡面中部及坡肩三个区域，分别阐述其变形特点，完工后各监测断面监测点的沉降历程曲线如图 2-12 所示。

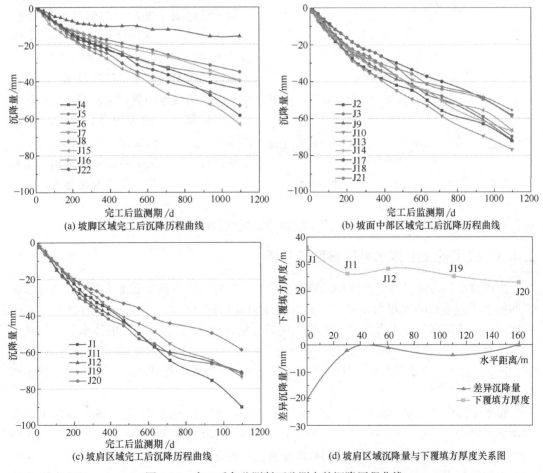

图 2-12　完工后各监测断面监测点的沉降历程曲线

由图 2-12（a）可知，坡脚各监测点沉降量相比较其他位置区域较小，坡脚挡墙边缘土体（J6）沉降最小，为－15.61mm。J5、J7、J16 完工后沉降量分别为－34.92mm、－39.72mm、－39.48mm。J15、J22 在坡脚区域沉降量最大，分别为－63.29mm、－58.37mm。

由图 2-12（b）可知，从坡面中部区域的时间历程曲线可以看出，自施工完成后，坡面中部区域的累计沉降量最大的监测点为 J10 为－76.84mm、最小的监测点 J17 为－58.32mm，此区域填土最厚的监测点为 J3，但是沉降却没有 J10 大。即推测 1 号监测断面上的 J3 临近侧壁，侧限条件阻碍了沉降产生。

由图 2-12（c）可知，坡肩区域由于填方厚度大且受地基变形的影响，完工后累计沉降量最大。各监测点的累计沉降量分别为－90.06mm、－71.84mm、－70.96mm、－73.57mm、－69.66mm。分析可知，坡肩存在由下覆填方土厚度不均导致的差异性沉降问题，监测点 J1 与 J20 在完工后 1096d 时间里沉降差最大可达 20.4mm，最大差异沉降量与间距之比为 0.6‰，位于 J1 与 J11 监测点之间（监测点水平距离约 30m）。通过图

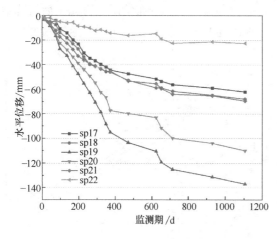

图 2-13　完工后边坡表面水平位移历程曲线

2-12（d）可知，坡肩区域除了北侧监测点 J1 和南侧监测点 J20，其余监测点的沉降差异较小。在坡肩区域，由于 1 号监测断面渐渐远离了冲沟侧面的黄土梁侧壁，侧限作用减弱，又因随填方厚度的增加，致使 J1 监测点累计沉降量最大。

（2）边坡表面水平位移监测

根据工程监测数据绘制完工后边坡表面水平位移历程曲线图 2-13 可知，填方边坡完工后坡面向临空方向移动，完工后水平位移大概为完工后沉降的两倍。边坡水平位移在完工后一年内变化显著，一年后变化速率明显降低并逐渐收敛。位于坡肩位置的监测点累计变形量最大、位于坡脚的监测点累计变形量最小。

2.4.3　抗滑桩及土体水平位移监测分析

由桩背土压力及桩体水平位移监测数据得知，桩背土压力基本随土体深度线性分布施工期间土压力增长幅度较大。完工后桩背土压力除深部（－24～－12m）约有 0.03MPa 的增量，但浅层部分土压力基本无变化。完后时桩顶位移约为 5mm，桩体水平位移在工后持续增长，完工后一年桩顶累计水平位移 7mm，完工后三年桩顶累计水平位移 13.6mm。由于本书主要方向为研究土体变形规律，所以对于桩体土压力及桩体位移不再深入分析。

根据土体深层水平位移监测点 H7 的成果数据，可以看出测点深层水平位移随土体埋置深度的增大而减小，水平位移收敛深度为－34m，与填方地基的深度相当，即可认为边坡的水平位移是由填筑土体侧向变形直接导致。靠近坡面处水平位移最大，为 171.3mm，施工期间累计水平位移 51.6mm，完工后三年内累计水平位移 119.7mm。完工后边坡深

部土体（-23～-6m）水平位移随边坡表面水平位移的产生而进行发育。

2.5 本章小结

本章对黄土填方边坡工程概况及监测进行了详细的介绍，通过为期半年的施工期间变形监测和为期三年的完工后变形监测揭示了黄土填方边坡上坡面及内部各点的变形情况，通过这些实测数据对边坡变形总结如下：

（1）填方边坡的沉降变形具有滞后性，在施工期间填方荷载作用于土体后，下覆土体的变形监测数据中并无沉降突变且沉降速率均匀，施工期间各监测点沉降量约占完工后三年累计沉降量的 1/8～1/5。主要沉降阶段为完工后一年内，此阶段的沉降约占完工后三年累计沉降量的一半。

（2）黄土填方区的最大沉降量与填筑厚度有最为直接的关系，完工后最大沉降监测点位于坡肩，累计沉降量可达 90.06mm。但是若监测点下覆填土具有侧限条件，土体变形会明显受到约束，沉降量也会随之减小。

（3）根据 H7 土体水平位移监测结果来看，施工阶段的土体水平位移约为完工后三年累计总水平位移的 0.3 倍；完工后一年间的水平位移在完工后三年累计水平位移中占比最大，约为 70%。本工程完工后迅速组织地表排水系统施工，边坡水平位移导致部分坡面设施出现裂缝。故在后续此类边坡施工组设计中要考虑坡面排水等结构施工适当推迟，避开边坡完工后水平变形集中阶段。或采用柔性结构，防止坡面结构的变形破坏。

（4）根据边坡抗滑桩桩背土压力及桩体水平位移监测情况，发现完工后土压力在浅层部位基本无变化，但是桩体水平位移仍在不断发展，即土体在自重作用下向临空面方向发生蠕变、水平位移持续增加，导致边坡坡表的水平变形相比其沉降更为值得关注。施工期间坡表水平位移为沉降量的 5～10 倍，完工后阶段约为 2 倍。由 H7 监测点土体深层水平位移收敛处的埋深等于其上覆填土厚度，可推断填方边坡土体的水平位移主要发生在填土区域，即填方土体固结压缩过程中，由于边坡临空面方向的侧向边界条件完全由土体中埋置的土工格栅摩擦力提供，该力不足以完全限制边坡水平变形，导致边坡水平位移较大。

第3章 黄土贴坡型挖填方高边坡预测方法及变形特性分析

边坡变形预测不仅在设计施工中具有重要的指导意义，也是完工后预防边坡灾害的重要手段。在边坡变形预测方法的研究现状分析中，根据预测原理可分为两种：理论型预测方法和统计型预测方法，由于预测值均为确定值，因此这两类方法也可统称为确定性预测方法。实际上土体具有变异性，基于随机场理论的考虑土性参数空间变异性的非确定性方法更加符合实际情况。本章首先对确定性相关预测方法进行介绍，并从土体蠕变角度出发，对性能参数空间变异性的随机场理论进行介绍，为提出一种考虑蠕变模型参数随机性的非确定性贴坡型挖填方高边坡变形预测方法作铺垫。

3.1 确定性边坡变形预测方法简介

3.1.1 理论型预测方法简介

3.1.1.1 斋藤迪孝模型

斋藤迪孝模型是 1968 年日本学者斋藤迪孝提出的。他提出滑坡从初始变形到最终破坏成灾要经过一定的蠕变过程，这个过程大概分为初始蠕动变形、匀加速变形和加速变形三个阶段。在理想状态下的滑坡位移变形趋势如图 3-1 所示，但是一般情况下，由于滑坡体在每个监测时段受到影响因素的不同，测得的数据也会有一定的偏差，会呈现出一定的波动性。

斋藤迪孝指出在第二和第三阶段坡体的应变速率均与坡体的临滑时间有关。在实际使用中，一般是对测得的数据进行趋势分析得到其变化趋势图，然后根据不同的变形特点来预测滑坡的临滑时间。斋藤迪孝在进行了大量室内实验和测得大量的现场观测资料之后得知：在第二阶段中，蠕变的临界时间和等速变形状态下的应变速率呈近似直线关系，它的计算方程式为：

$$\lg t_r = 2.33 - 0.916 \cdot \lg \varepsilon \pm 0.59 \tag{3-1}$$

式中：t_r 为蠕变破坏时间；ε 为应变速率（$\times 10^{-4}$）；± 0.59 包括 95% 的测定范围。

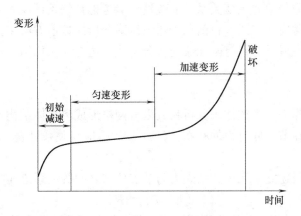

图 3-1　滑坡位移变形趋势

第三阶段对临滑时间的计算，首先是确定起始时间 t_1，然后取两个位移应变 ΔL 相等对应的时间点 t_2 和 t_3，然后根据下式计算可以得到滑坡发生剧烈滑动的时间。

$$t_r - t_1 = \frac{\frac{1}{2}(t_2 - t_1)^2}{(t_2 - t_1) - \frac{1}{2}(t_3 - t_1)} \tag{3-2}$$

斋藤迪孝方法是在大量的实验资料基础上，用数学和物理方法，用明确的数学关系进行严格的推理，得出明确的预报模型，在滑坡的短期预报和临滑预测方面还是取得不错的效果。日本学者在日本的高场上滑坡利用斋藤迪孝模型，成功地预测了滑坡剧滑时间，与实际时间只差 6min。

3.1.1.2　苏爱军模型

滑坡预报主要是寻找准确的加速蠕变阶段的蠕变方程。我国学者苏爱军在对现有岩土体流变试验及滑坡报告的基础上，通过数值模拟得出了较为精确的加速蠕变微分方程，通过三个滑坡示例成功验证了其模型。该微分方程如下：

$$\frac{dy}{dt} = \frac{at}{b - t} \tag{3-3}$$

式中：y 为变形；t 为时间；a，b 为常数。可通过初始条件 $y = y_0$，$t = t_0$ 求得微分方程通解，再对实测数据进行回归分析即可求得参数 a，b。

3.1.1.3　福囿斜坡时间预报法

福囿模型利用沙土材料进行模型试验，在人工降雨条件下，根据土层表面的位移加速度与位移速度的关系进行滑坡临滑时刻的预测，其滑坡速度-时间关系如下式：

$$\frac{1}{v} = A(a-1)^{\frac{1}{a-1}}(t_f - t)^{\frac{1}{a-1}} \tag{3-4}$$

式中：A，a 为常数；v 为滑坡速度；t 为初始时间；t_f 为破坏时间。

3.1.1.4　数值模拟法

随着计算机技术的快速发展，基于软件系统的可建立边坡等比数值模型的数值模拟分析法应运而生。该方法利用土的本构关系，能模拟复杂的几何和边界条件、荷载和施工工序、岩土体的非均质与应力应变关系的非线性，能考虑自然条件及人为因素对边坡共同作用的影响，故而日益应用广泛。目前用于边坡沉降分析的数值方法主要是有限元法、差分法和边界元法，其发展趋势是有限元法与差分法或与边界元法相结合解决课题以期发挥各种方法的优越性。

（1）有限元法

有限元是边坡作为一个整体来分析将其划分网格形成离散体结构形成有限数目的区域单元这些单元体只在节点处有力的联系。材料的应力-应变关系可表示为：

$$\{\sigma\} = [D]\{\varepsilon\} \tag{3-5}$$

由虚位移原理可建立单元体的结点力与节点位移之间的关系进而写出总体平衡方程：

$$[K]\{\delta\} = \{R\} \tag{3-6}$$

式中：$[K]$、$\{\delta\}$ 和 $\{R\}$ 分别为刚度矩阵、节点位移矩阵和节点荷载矩阵。然后结合初始和边界条件求解线性方程组在荷载作用下算得任意时刻边坡各点的位移和应力得到问题的数值解。有限元法可以将边坡作为二维甚至三维问题来考虑反映了侧向变形的影响。

有限元分析通过选取合理的本构模型可考虑复杂的边界条件、土体应力应变关系的非线性、土体的应力历史和水与土骨架上应力的耦合效应、土层的各项异性、时间因素等理论上较为严密。还可以模拟现场逐级加载，能考虑侧向变形及三维渗透对沉降的影响并能求得任意时刻的沉降、水平位移、孔隙压力和有效应力的变化。目前用于分析软黏土应力应变特性的本构模型有弹性模型、弹塑性模型和考虑软土时间效应的黏弹塑性模型等。

（2）差分法

差分法的基本精神就是将研究区域用差分网格离散对每一个节点通过差商，代替导数把固结微分方程化成差分方程，然后结合初始条件和边界条件性方程组得到数值解。

以平面问题为例，差分法可得到所研究平面内在各个时间的孔隙压力 u 分布，因此可以导出初始沉降 S_i，与任何时间的总沉降 S 或固结沉降量 S_c。由于土的竖向应变为：

$$\varepsilon_z = \frac{1+\mu}{E}[(1-\mu)(\sigma_z - \mu) - \mu(\sigma_x - \mu)] \tag{3-7}$$

地基中沿着某一铅锤线的沉降为：

$$\int_0^H \frac{1+\mu}{E}[(1-\mu)\sigma_z - \mu\sigma_x]dH \tag{3-8}$$

式中：H 为有效压缩层厚度，则可得总沉降为：

$$\int_0^H \frac{1+\mu}{E}[(1-\mu)(\sigma_z - \mu) - \mu(\sigma_x - \mu)]dH \tag{3-9}$$

式中：E 和 μ 随有效应力而变化，因此上式可以得到任意时刻的总沉降。

（3）边界元法

边界元法是把物理课题所属区域上积分转化为区域边界上的积分，并利用离散技术求解边界积分方程的数值解，由于边界元的系数矩阵是满阵，导致计算存储量较大未必能节省计算时间，以及处理非线性问题的不方便性等，致使目前边界元在处理固结问题上进展不大。半解析方法是由赵维炳提出用解析法计算孔隙水压力、用边界元数值求解位移的一种方法，能较好地解决黏弹性砂井地基固结问题。

3.1.2　统计型预测方法简介

3.1.2.1　曲线拟合法

曲线拟合法是最简单直接的统计型预测方法，其基本原理是根据变形时间曲线的基本形状，进而拟合合适的曲线方程完成变形预测。常用的曲线形式有双曲线法、指数曲线法、Logistic 法、星野法等。

（1）双曲线法

双曲线法最早由尼奇波罗维奇提出，其方程为：

$$s_t = s_0 + \frac{t - t_0}{a + b(t - t_0)} \tag{3-10}$$

（2）指数曲线法

曾国熙等于 1959 年提出指数曲线法预测地基沉降，从平均固结度与时间呈指数函数关系出发，认为不同条件下的固结度 U_t 可以用一个表达式概括：

$$U_t = 1 - ae^{-bt} \tag{3-11}$$

$$s_t = U_t s_\infty \tag{3-12}$$

（3）Logistic 法

Logistic 模型最初在生态学、人口学等领域得到广泛的运用，土木工程学者发现荷载作用下地基沉降过程可分为 4 个阶段：发生、发展、成熟、达到极限阶段，与 Logistic 模型所反映的万事万物的产生、发展、成熟并达到一定极限的过程是一致的。故将 Logistic 模型运用到地基沉降预测，该模型的表达式为：

$$s_t = \frac{s_\infty}{1 + ae^{-bt}} \tag{3-13}$$

（4）星野法

基于太沙基固结理论，在固结度 $U_t < 60\%$ 时，固结度与时间的平方根成正比。星野法通过对沉降实测值的研究，证明了总沉降与时间的平方根成正比。星野法公式为：

$$s_t = s_0 + \frac{ab\sqrt{t - t_0}}{\sqrt{1 + b^2(t - t_0)}} \tag{3-14}$$

上式中：s_t 为 t 时刻变形量；s_0 为初始计算变形量；t 为时间；t_0 为初始计算时间；a、b 为反映材料变形特性的参数，可通过拟合求得。

3.1.2.2　灰色预测模型

灰色预测模型 GM（1，1）是最基本的预测模型。基本定义为：设序列 $X^{(0)} = [x^{(0)}(1)$，$x^{(0)}(2)$，$\cdots$，$x^{(0)}(n)]$，其中 $x^{(0)}(k) \geqslant 0$，$k = 1, 2, \cdots, n$；$X^{(1)}$ 为 $X^{(0)}$ 的累加序列：

$$X^{(1)} = [x^{(1)}(1), x^{(1)}(2), \cdots, x^{(1)}(n)] \tag{3-15}$$

其中：$x^{(1)}(k) = \sum_{i=1}^{k} x^{(0)}(i)$，$k = 1, 2, \cdots, n$，称

$$x^{(0)}(k) + ax^{(1)}(k) = b \tag{3-16}$$

为 GM（1，1）模型的原始形式。

$\boldsymbol{\alpha}=[a,b]^{\mathrm{T}}$ 为待求灰系数，可使用最小二乘法估计。

$$\boldsymbol{\alpha}=(\boldsymbol{B}^{\mathrm{T}}\boldsymbol{B})^{-1}\boldsymbol{B}^{\mathrm{T}}\boldsymbol{Y} \tag{3-17}$$

其中 $\boldsymbol{Y}$、$\boldsymbol{B}$ 分别为

$$\boldsymbol{Y}=\begin{bmatrix} x^{(0)}(2) \\ x^{(0)}(3) \\ \cdots \\ x^{(0)}(n) \end{bmatrix}, \boldsymbol{B}=\begin{bmatrix} -x^{(1)}(2) & 1 \\ -x^{(1)}(3) & 1 \\ \cdots & \cdots \\ -x^{(1)}(n) & 1 \end{bmatrix} \tag{3-18}$$

建立白化微分方程为：

$$\frac{\mathrm{d}x^{(1)}}{\mathrm{d}t}+ax^{(1)}=b \tag{3-19}$$

求解可得预测模型的时间响应式为：

$$x^{(0)}(k+1)=x^{(1)}(k+1)-x^{(1)}(1)=(1-e^{a})\left[x^{(0)}(1)-\frac{b}{a}\right]e^{-ak} \tag{3-20}$$

3.1.2.3　ARIMA 预测模型

（1）ARIMA 模型简介

时间序列预测模型在预测过程中既考虑了数据在时间序列上的依存性，又考虑了随机波动的干扰性。滑动平均（MA）模型和自回归移动平均（ARMA）模型，其中 AR 模型和 MA 模型是时间序列中较为简单的模型。ARMA 模型是 AR 和 MA 两种模型的混合模型，针对平稳时间序列可以进行预测。对于平稳时间序列的预测，可选用的预测模型有 AR 模型，MA 模型和 ARMA 模型，其中 AR 模型适用于自相关系数拖尾，偏自相关系数截尾的情况；MA 模型适用于自相关系数截尾，偏自相关系数拖尾的情况；ARMA 模型适用于自相关系数拖尾，偏自相关系数拖尾的情况。针对非平稳时间序列须通过对原始时间序列进行平稳化处理，故引进了改进的 ARMA 模型，即 ARIMA 模型。

自回归模型（AR，Autoregressive Models）和滑动平均模型（MA，Moving Average Model）是时间序列模型中最基本的两个模型。

AR（p）模型为：

$$X_{t}=\nu_{1}X_{t-1}+\nu_{2}X_{t-2}+\cdots+\nu_{p}X_{t-p}+\alpha_{t} \tag{3-21}$$

式中：p 为自回归阶数；ν_{1}，ν_{2}，$\cdots$，ν_{p} 为回归系数且 $\nu_{p}\neq 0$；α_{t} 为白噪声序列。

MA（q）模型为：

$$X_{t}=\alpha_{t}-\beta_{1}\alpha_{t-1}-\beta_{2}\alpha_{t-2}-\cdots-\beta_{q}\alpha_{t-q} \tag{3-22}$$

式中：q 为滑动平均阶数，参数为 β_{1}，β_{2}，$\cdots$，β_{q} 且 $\beta_{q}\neq 0$；α 为白噪声序列。

当这组序列中任意位置的值不仅受过去观察值的影响，还与此系统中的随机波动项有关，便可结合总回归模型与滑动平均模型，形成自回归滑动平均模型，简称 $ARMA(p,q)$ 模型。该模型可表示为：

$$X_{t}=\nu_{1}X_{t-1}+\nu_{2}X_{t-2}+\cdots+\nu_{p}X_{t-p}+\alpha_{t}-\beta_{1}\alpha_{t-1}-\beta_{2}\alpha_{t-2}-\cdots-\beta_{q}\alpha_{t-q} \tag{3-23}$$

若一个时间序列的 d 阶差分符合 $ARMA(p,q)$ 模型，可称其为自回归差分滑动平均模型（Autoregressive integrated moving average）模型，简记为 $ARMA(p,d,q)$。该模型结构为：

$$\nabla^{d}X_{t}=\nu_{1}\,\nabla^{d}X_{t-1}+\nu_{2}\,\nabla^{d}X_{t-2}+\cdots+\nu_{p}\,\nabla^{d}X_{t-p}+\alpha_{t}-\beta_{1}\alpha_{t-1}-\beta_{2}\alpha_{t-2}-\cdots-\beta_{q}\alpha_{t-q}$$

$$(3\text{-}24)$$

上式也可写为：

$$\Phi(B)\nabla^{d}X_{t}=\Theta(B)\alpha_{t} \qquad\qquad (3\text{-}25)$$

式中：B 为延迟算子；$\nabla^{d}=(1-B)^{d}$；$\Phi(B)=1-\sum\limits_{i=1}^{p}\nu_{n}B^{n}$，为 p 阶自回归系数多项式；

$\Theta(B)=1-\sum\limits_{i=1}^{q}\beta_{n}B^{n}$，为 q 滑动平均系数多项式。

当为平稳时间序列时，一般使用 $AR(p)$，$MA(q)$ 或者 $ARMA(p,q)$ 模型进行预测，而 $ARMA(p,d,q)$ 模型对于非平稳时间序列具有较高的预测精度。

（2）ARIMA 模型参数定阶

ARIMA 模型中有三个待定参数，分别是：自回归项阶数（p）、序列差分阶数（d）、移动平均项阶数（q），通过人为确定。确定 p，d，q 的过程称之为 ARIMA 模型的定阶，一共需要考虑三点：

1）进行差分处理使序列平稳化。

2）序列过往多少时刻的序列值与当前值相关。

3）序列过往多少阶的扰动量与当前值相关。

下面详细介绍定阶的方法和原理。在差分阶数 d 确定了之后，就可以利用 ARIMA 模型对序列进行建模。使原始序列部分特性缺失是差分最大的缺点，故首要目标就是确定将原始序列转变成平稳序列需要多少次差分操作，为了不使序列信息失真，尽量减少做差分处理的次数，遵循的原则是：在满足序列平稳的前提下，尽量使用低阶差分。第二步需要确定 p 和 q 参数。通常是通过观察序列的 ACF 图和 PACF 图的特征并根据一定的准则来确定，通过观察可以得到一些合适的 p 和 q 的取值。第三步需要模型的选优。所选出的多个 p 和 q 值，需要借助 AIC 或者 BIC 信息量准则在所有可选模型当中选优。AIC 和 BIC 信息量准则理论将在后文详细介绍。绘制序列各阶自相关和偏自相关系数的图形，通过观察 ACF 图和 PACF 图的特性来选取合适的 p 值和 q 值。p 和 q 的选取规则如表 3-1 所示。

ARIMA 模型定阶准则　　　　　　　　　　　　　　　　表 3-1

	ACF 图特征	PACF 图特征
$AR(p)$	拖尾	p 阶截尾
$MA(q)$	q 阶截尾	拖尾
$ARMA(p,q)$	拖尾	拖尾

3.1.2.4　BP 神经网络

BP 神经网络（Back Propagation Artificial Neural Network）是神经网络板块中最常用的算法。它由输入层、隐藏层和输出层构成，输入层和输出层节点数根据分析数据确定，隐藏层节点数根据模拟精度确定。三层 BP 神经网络能以任意精度模拟多因素影响下产生非线性变形之间的关系。其计算过程分为两个部分，一是正向传播过程，数据由输入层传入隐藏层，通过计算得到节点的输出值，若输出值达不到期望值，则进行第二个过程，即误差反向传播过程，调整各层之间权值重新进行计算。直到达到期望误差，则网络学习过程结束。

隐藏层节点输出公式为：

$$z_{pk} = f(net_{pk}) = f\left(\sum_{i=0}^{n} \nu_{ki} x_{ki} - \theta_k\right) \quad k=1,2,\cdots,q \tag{3-26}$$

输出层节点输出公式为：

$$y_{pk} = f(net_{pj}) = f\left(\sum_{k=0}^{q} \mu_{jk} y_{pk} - \theta_j\right) \quad j=1,2,\cdots,m \tag{3-27}$$

上式中 θ 为神经单元阈值，f 为 Sigmoid 型传递函数，其一般形式为：

$$f(x) = \frac{1}{1+e^{-x}} \tag{3-28}$$

其导数为；

$$f' = f(1-f) \tag{3-29}$$

期望值 t_{pj} 与节点计算输出值的差称为残差，则网络误差的计算公式为：

$$E_p = \frac{1}{2} \sum_{p=1}^{p} \sum_{j=1}^{m} (t_{pj} - z_{pj})^2 \tag{3-30}$$

输出层节点权值调整公式为：

$$\Delta\omega_{jk} = \eta \sum_{p=1}^{p} \left(-\frac{\partial E_p}{\partial net_{pj}} \times \frac{\partial net_{pj}}{\partial \omega_{jk}}\right) \tag{3-31}$$

式中：η 为学习率。

定义误差信号为：

$$\delta_{pj} = -\frac{\partial E_p}{\partial net_{pj}} = -\frac{\partial E_p}{\partial y_{pj}} \times \frac{\partial y_{pj}}{\partial net_{jk}} \tag{3-32}$$

其中第一项

$$\frac{\partial E_p}{\partial y_{pj}} = \frac{\partial}{\partial y_{pj}} \left[\frac{1}{2} \sum_{j=1}^{m} (t_{pj} - y_{pj})^2\right] = -(t_{pj} - y_{pj}) \tag{3-33}$$

第二项

$$\frac{\partial y_{pj}}{\partial net_{jk}} = f'(net_{pj}) = y_{pj}(1 - y_{pj}) \tag{3-34}$$

因此可推得

$$\delta_{pj} = (t_{pj} - y_{pj}) \times y_{pj}(1 - y_{pj}) \tag{3-35}$$

则输出层优化调整后每个神经元的权值

$$\Delta\omega_{jk} = \eta \sum_{p=1}^{p} (t_{pj} - y_{pj}) \times y_{pj}(1 - y_{pj}) z_{pk} \tag{3-36}$$

依据此原理可推导的隐藏层节点权值调整公式为：

$$\Delta\nu_{ki} = \eta \sum_{p=1}^{p} \left(-\frac{\partial E_p}{\partial net_{pk}} \times \frac{\partial net_{pk}}{\partial \omega_{ki}}\right) = \eta \sum_{p=1}^{p} \delta_{pk} x_{pi} \tag{3-37}$$

$$= \eta \sum_{p=1}^{p} \left(\sum_{j=1}^{m} \delta_{pj} \omega_{jk}\right) \times z_{pk}(1 - z_{pk}) x_{pi}$$

其主要算法步骤如图 3-2 所示。

3.1.2.5　粒子群优化算法

（1）粒子群优化算法原理

粒子群算法（Particle Swarm Optimization，PSO）是常用的寻优算法。通常单个自然生物不是智能的，但是整个生物群却表现出处理复杂问题的能力。1955 年，美国学者 J. Kennedy 和 R. C. Eberhart 在研究鱼群、鸟群等生物时提出了粒子群优化算法。这是一种全局优化算法，在求解优化问题时，问题的解对应于寻找空间中一只鸟的位置，称这些鸟为"粒子"。每个粒子都有自己的位置和速度。假设在一个 D 维空间中，一个群体中有 M 个粒子，粒子 i 在 t 时刻的位置向量为 $X_{id}^{t}=(x_{i1}^{t}, x_{i2}^{t}, \cdots, x_{id}^{t})$，速度向量为 $V_{id}^{t}=(v_{i1}^{t}, v_{i2}^{t}, \cdots, v_{id}^{t})$。粒子通过跟踪个体最优解（pbest）和全局最优解（gbest）来更新自己，更新公式为：

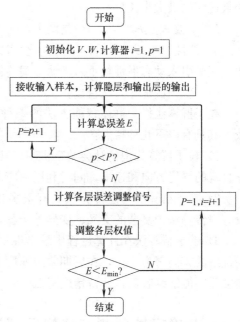

图 3-2　BP 神经网络算法

$$\begin{cases} v_{id}^{t+1}=\omega v_{id}^{t}+c_1 r_1(pbest_{id}^{t}-x_{id}^{t})+c_2 r_2(gbest_{gd}^{t}-x_{id}^{t}) \\ x_{id}^{t+1}=x_{id}^{t}+v_{id}^{t} \end{cases} \tag{3-38}$$

式中：v_{id}^{t+1} 和 x_{id}^{t+1} 为粒子 i 在 $t+1$ 时刻的速度和位置；ω 为惯性权重；r_1、r_2 为 0～1 内的随机数；c_1、c_2 为学习因子；$v_{id}^{t} \in [-v_{max}, v_{max}]$，$v_{max}$ 为常数。

此外，粒子在一定程度上还延续上一迭代步的移动方向，每次迭代的过程不是完全随机的。如果找到较好解，将会以此为依据来寻找下一个解。每个粒子利用当前位置，当前速度，当前位置与自己最好位置的距离，当前位置与群体最好位置之间的距离来改变自己的位置。该优化搜索算法正是在这样一群随机初始化的粒子组成的群体中以迭代方式进行的。

（2）粒子群优化算法参数设置

粒子群优化算法的参数主要有以下几种：

1）粒子的群体规模 m。m 一般取 20～200。对于相对简单的问题，一般取 20～40，对于复杂的问题，粒子数目可达 100～200。粒子的种群规模对寻找最优值有较大的影响，若种群规模 m 取值越小，则整体的收敛速度越快，且容易陷入局部极值，若 m 取值越大，则搜索的范围就越大，收敛速度就越慢，但全局寻找最优值的效果越好。

2）粒子长度 1。根据具体问题决定。

3）粒子飞行的最大速度 v_{max}。粒子群算法通过限制粒子的最大速度 v_{max} 来限定粒子的最大位移，若 v_{max} 太大，粒子可能会飞过最优解，若 v_{max} 太小，粒子可能会被限制在一个区间内飞行，不能在此区间外进行搜索而陷入局部极值，所以根据粒子的取值范围设置粒子的最大飞行速度，一般设置 $v_{max}=k \cdot v_{max}$，$k \in [0, 1]$。

4）学习因子 c_1，c_2。c_1 表示粒子达到自身最优值的最大步长，c_2 表示粒子达到全局最优值的最大步长。

5）系数 r_1、r_2。r_1、r_2 是两个在 [0，1] 之间变化的随机数。

6）惯性权重 ω。原始粒子群优化算法中将惯性权重设置为固定值 1，标准粒子群优化算法中引入动态惯性权重 ω，动态调整粒子的飞行速度，提高全局寻优的能力。

（3）粒子群优化算法特点

粒子群算法作为群体智能算法的一种，主要用于多目标优化问题，与传统算法相比较，其具有以下几种特点：

1）粒子群算法模仿社会共享机制，其每个粒子在寻优过程中通过信息共享，动态调整自身的寻优方向和速度，同时利用适应度值判断粒子的优劣，以便进行迭代计算。

2）粒子群算法与遗传算法具有很多相同之处，但粒子群算法理论简单、参数较少，没有遗传算法中复杂的交叉、变异等步骤，保留了全局搜索能力，搜索速度较快。

3）粒子群算法在计算过程中易出现早熟收敛问题。前期，粒子通过迭代更新都向着最优解的方向努力飞行，在后期收敛速度下降，全局陷入局部极值，以致算法收敛到一定精度后不能继续收敛，使得精度降低。

3.2 非确定性预测方法相关理论

3.2.1 蠕变模型理论

土是一种具有复杂微观结构和各向异性的多相介质，具有强烈的非线性和时变性质，在不同受力状态下表现出不同的力学特性。土的本构关系是描述土体力学性质和变形行为的重要基础。通常使用数学关系式来反映了土体在应力和时间作用下的变形规律。边坡长期变形本质是蠕变，对于蠕变本构模型，实际中被广泛应用的是由经典元件构成的元件模型，以及根据蠕变试验曲线拟合的经验模型。

3.2.1.1 基本流变元件

基本流变元件模型是根据线性蠕变理论构成的线性本构模型，主要有：弹性元件，黏性元件，塑性元件。

（1）弹性元件（Hooke 体）

弹性元件，用 H 表示，其遵循胡克定律，用来描述土体蠕变过程中的线性弹性变形。其模型及应力-应变关系如图 3-3 所示。

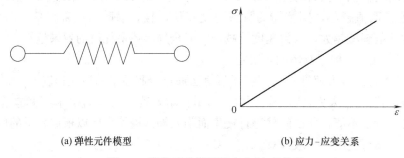

(a) 弹性元件模型　　　　　　　(b) 应力-应变关系

图 3-3　弹性元件模型及应力-应变关系

弹性元件本构方程如下：

$$\sigma = E\varepsilon \tag{3-39}$$

式中：E 为弹性模量。

弹性元件具有瞬时变形性质，无应力松弛现象，可以用来反映土体加载瞬时的变形。

（2）黏性元件（Newton 体）

黏性元件是指在外力作用下，物体发生形变后不能恢复原状的元件，其应力与应变之间的关系为非线性关系，符合牛顿定律，其本构方程为：

$$\sigma = \eta \dot{\varepsilon} \tag{3-40}$$

式中：η 为黏滞系数（Pa·s）；$\dot{\varepsilon}$ 为应变率。

当应力 $\sigma = \sigma_0$ 时，式两边对时间进行积分，可求出其应变与时间的表达式为：

$$\varepsilon = \frac{\sigma}{\eta}t + A \tag{3-41}$$

在施加应力的瞬间，黏性元件不会立即发生应变，会出现一定时间的滞后。其模型及应力-应变关系如图 3-4 所示。

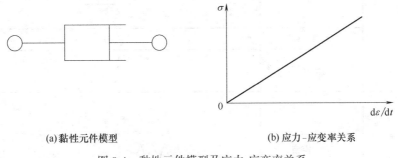

(a) 黏性元件模型　　　　　　　　　(b) 应力-应变率关系

图 3-4　黏性元件模型及应力-应变率关系

（3）塑性元件（St. Venant 体）

塑型元件，又称圣维南体，由两个具有摩擦力的弹片组成。只有当应力大于接触面的屈服应力（σ_s）时，塑型元件才会发生变形。其模型及应力-应变关系如图 3-5 所示。

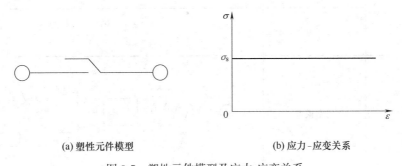

(a) 塑性元件模型　　　　　　　　　(b) 应力-应变关系

图 3-5　塑性元件模型及应力-应变关系

3.2.1.2　元件模型

上节三种基本流变元件以串联和并联的方式连接在一起，可以组成各种元件模型。串联时，各部分应力相等，总应变等于各部分应变之和；并联时，各部分应变相等，总应力等于各部分应力之和。常用的黄土元件模型如表 3-2 所示。

常用元件模型

表 3-2

模型名称	模型要素	
Maxwell 模型	力学模型	
	本构方程	$\dot{\varepsilon}=\dfrac{\dot{\sigma}}{E}+\dfrac{\sigma}{\eta}$
	蠕变方程	$\sigma=\sigma_0 e^{-\frac{Et}{\eta}}$
Kelvin 模型	力学模型	
	本构方程	$\sigma=E\varepsilon+\eta\dot{\varepsilon}$
	蠕变方程	$\varepsilon=\dfrac{\sigma_0}{E}(1-e^{-\frac{Et}{\eta}})$
Merchant 模型	力学模型	
	本构方程	$\sigma+\dfrac{\eta}{E_1+E_2}\dot{\sigma}=\dfrac{1}{1/E_1+1/E_2}\varepsilon+\dfrac{\eta}{1+E_2/E_1}\dot{\varepsilon}$
	蠕变方程	$\varepsilon=\sigma_0\left[\dfrac{1}{E_1}+\dfrac{1}{E_2}(1-e^{-\frac{E_2 t}{\eta}})\right]$
Burgers 模型	力学模型	
	本构方程	$\eta_1\dot{\varepsilon}+\dfrac{\eta_1\eta_2}{E_2}\ddot{\varepsilon}=\sigma+\left(\dfrac{\eta_1}{E_1}+\dfrac{\eta_1+\eta_2}{E_2}\right)\dot{\sigma}+\dfrac{\eta_1\eta_2}{E_1 E_2}\ddot{\sigma}$
	蠕变方程	$\varepsilon=\sigma_0\left[\dfrac{1}{E_1}+\dfrac{t}{\eta_1}+\dfrac{1}{E_2}(1-e^{-\frac{E_2 t}{\eta_2}})\right]$

续表

模型名称	模型要素	
Binghan模型	力学模型	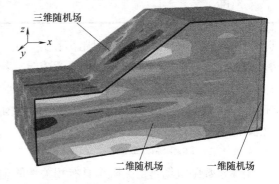
	本构方程	$$\begin{cases} \sigma=E\varepsilon & \sigma<\sigma_s \\ \sigma-\sigma_s+\eta\dot\sigma/E=\eta\dot\varepsilon & \sigma\geqslant\sigma_s \end{cases}$$
	蠕变方程	$$\begin{cases} \varepsilon_0=\sigma_0/E & \sigma<\sigma_s \\ \varepsilon=(\sigma_0-\sigma_s)(t_2-t_1)/\eta+\sigma_s & \sigma\geqslant\sigma_s \end{cases}$$

注：E 为弹性元件弹性模量；η 为粘型元件黏滞系数；σ_s 塑型元件屈服应力。

3.2.1.3　经验模型

经验模型通常是直接拟合各种蠕变试验的应力-应变曲线和应力-应变速率曲线，或是取对数坐标进行拟合而得到的反映土体应力-应变-时间关系的数学表达式。不同土质一般会表现出不同的数学关系，常见的经验模型有：对数关系、幂关系、指数关系、双曲线关系。

3.2.2　随机场理论

众所周知，土体作为天然材料的岩土介质，其土性参数具有很强的空间变异性。传统边坡稳定性分析中将边坡看作均质或分层均值，仅以安全系数作为边坡稳定性评价指标，没有考虑土性参数的随机性。而概率分析法将土性参数随机性考虑在内，用失效概率和可靠度来量化边坡的稳定程度，更加符合实际情况。土性参数随机性并不是完全随机，而是在空间位置上相关性与变异性共存的，因此称作空间变异性。在变形预测中要考虑土体的变异性，使用随机场理论是目前来说最合理的方法。

3.2.2.1　随机场的描述

工程技术问题一般是基于时间尺度和空间尺度进行研究，但在实际应用中，通常只考虑问题的空间特征。以空间变量为基本参数的随机场存在三种类型：一维随机场、二维随机场和三维随机场。在此以抗剪强度参数黏聚力随机场为例进行说明。如图 3-6 所示，灰色线条右边的平面区域可视为一维随机场，黏聚力在 x 方向为确定值，在 z 方向是服从某一与其位置变化规律相关的函数，一维随机场其实就是随机过程。黑色线条范围内的平面区域可视为二维随机场，黏聚力在 x、z 方向的变化关系均与其位置特征相关。将此概念沿 y 方向推广，则整个立体边坡所有位置处黏聚力的

图 3-6　随机场示意图

集合可视为三维随机场。但要注意的是，这里的随机场维度并不是一一对应于实际模型空间维度，倘若一个三维模型的某个参数只考虑一个方向上的变化，其他两个方向为确定值，则此参数随机场可称为三维空间的一维随机场。

3.2.2.2 自相关函数

对某一二维边坡模型来说，空间两点之间的土性参数具有变异性，但随着两点相对距离的变化，其黏聚力之间又有一定的相关性，自相关函数就是用来描述参数在空间位置相关性的。

如果能够获得大量的现场实测数据，便可用样本自相关函数准确地描述计算区域任意两点土性参数的自相关性，如式（3-42）所示。

$$\rho\left[(x_i, y_i), (x_j, y_j)\right] = \frac{COV(H(x_i, y_i), H(x_j, y_j))}{\sqrt{Var[H(x_i, y_i)]}\sqrt{Var[H(x_j, y_j)]}} \tag{3-42}$$

式中：(x_i, y_i) 和 (x_j, y_j) 分别为第 i 个和第 j 个随机场单元中心点坐标；$H(x_i, y_i)$ 和 $H(x_j, y_j)$ 为计算区域内第 i 个和第 j 个单元中心点处参数随机场特性值；$COV(.,.)$ 和 $Var(.)$ 分别为协方差函数和方差函数。

但是，由于岩土工程取样难度大，勘测成本也高，为了节约人力、物力、财力，实际一般采用理论自相关函数描述土性参数的自相关性，主要有指数型，高斯型，指数余弦型，二阶自回归型和三角型五种。岩土体常用自相关函数见表3-3。

岩土体常用自相关函数 表3-3

自相关函数类型	二维表达式	波动范围 δ 与相关距离 l 关系
指数型（SNX）	$\rho(\tau_x, \tau_y) = \exp\left[-2\left(\frac{\tau_x}{\delta_h} + \frac{\tau_y}{\delta_v}\right)\right]$	$\delta_h = 2l_h, \delta_v = 2l_v$
高斯型（SQX）	$\rho(\tau_x, \tau_y) = \exp\left[-\pi\left(\frac{\tau_x^2}{\delta_h^2} + \frac{\tau_y^2}{\delta_v^2}\right)\right]$	$\delta_h = \sqrt{\pi}l_h, \delta_v = \sqrt{\pi}l_v$
指数余弦型（CSX）	$\rho(\tau_x, \tau_y) = \exp\left[-\left(\frac{\tau_x}{\delta_h} + \frac{\tau_y}{\delta_v}\right)\right]\cos\left(\frac{\tau_x}{\delta_h}\right)\cos\left(\frac{\tau_y}{\delta_v}\right)$	$\delta_h = l_h, \delta_v = l_v$
二阶自回归型（SMK）	$\rho(\tau_x, \tau_y) = \exp\left[-4\left(\frac{\tau_x}{\delta_h} + \frac{\tau_y}{\delta_v}\right)\right]\left(1 + \frac{4\tau_x}{\delta_h}\right)\left(1 + \frac{4\tau_y}{\delta_v}\right)$	$\delta_h = 4l_h, \delta_v = 4l_v$
三角形（BIN）	$\rho(\tau_x, \tau_y) = \begin{cases} \left(1 - \frac{\tau_x}{\delta_h}\right)\left(1 - \frac{\tau_y}{\delta_v}\right), & \tau_x \leqslant \delta_h \text{ 和 } \tau_y \leqslant \delta_v \\ 0, & \tau_x > \delta_h \text{ 和 } \tau_y > \delta_v \end{cases}$	$\delta_h = l_h, \delta_v = l_v$

其中，τ_x，τ_y 为两点之间的相对距离；δ_h，δ_v 分别为水平波动范围和垂直波动范围，当两点间的距离逐渐增大，相关性也逐渐减弱，若两点间的距离超过波动范围时，则不再具有相关性；l_h，l_v 分别为水平自相关距离和垂直自相关距离，其最早由 Diaz Padilla 和 Vanmarcke 提出，其定义为自相关函数为指数函数型式或者高斯函数时，其函数值为 e^{-1} 时相对应的距离。

3.2.2.3 随机场的离散

土体参数随机场是由无限个具有相关性的土体参数组成，在空间范围内对于整个随机场的计算存在一定的困难，因此为了方便计算常常需要对随机场进行离散。目前常用的随机场离散方法有形函数法，局部平均法、协方差矩阵分解法、傅里叶变换方法、Karhunen-Loève（K-L）级数展开法等。相较于前几种方法，K-L 级数展开法在相同精度下离散的随机变量少，与有限元网格之间有高度自由性，对任一位置处的土性参数都能进行模拟，故选用 K-L 级数展开法进行本书随机场的离散，其他方法参考相关文献，在此不再赘述。

采用 K-L 级数展开方法离散随机场实质上将土体参数随机场的离散转化为求解第 2 类 Fredhom 积分方程的特征值问题，以一维随机场为例，即：

$$\int_\Omega \rho(x_1,x_2)f_i(x_2)dx_2 = \lambda_i f_i(x_1) \tag{3-43}$$

式中：x_1，x_2 为随机场区域内任意两点的坐标；$\rho(x_1，x_2)$ 为随机场区域内任意两点的特性之间的自相关函数值；λ 和 $f(x)$ 分别为与自相关函数对应的特征值以及特征函数。

要求得相应的特征值和特征函数，经常要通过繁杂的数值方法，如使用 wavelet-Galerkin 技术求解该积分方程的数值解。但所幸的是，当自相关函数为表 3-3 所示的指数型自相关函数时，特征值和特征函数有解析解，因此本书通过指数型自相关函数（SNX）模拟压实黄土蠕变参数的空间变异性。特征值解析解为：

$$\begin{cases} \lambda_i = 2c/(\omega_i^2 + c^2), i \text{ 为奇数} \\ \lambda_i^* = 2c/(\omega_i^{*2} + c^2), i \text{ 为偶数} \end{cases} \tag{3-44}$$

相应的特征函数为：

$$\begin{cases} f_i(x) = \cos(\omega_i x)2c/\sqrt{a + \sin(2\omega_i a)/2\omega_i}, i \text{ 为奇数} \\ f_i^*(x) = \cos(\omega_i^* x)2c/\sqrt{a - \sin(2\omega_i^* a)/2\omega_i^*}, i \text{ 为偶数} \end{cases} \tag{3-45}$$

式中：c 为自相关距离的倒数；a 为随机场计算区域的一半；ω_i 和 ω_i^* 为下列超越方程的正解序列。

$$\begin{cases} c - \omega\tan(\omega a) = 0 \\ \omega^* + c\tan(\omega^* a) = 0 \end{cases} \tag{3-46}$$

标准一维高斯随机场最终可离散为：

$$H(x,\theta) = \mu + \sigma\sum_{i=1}^{\infty} \sqrt{\lambda_i} f_i(x)\xi(\theta) \tag{3-47}$$

式中：μ 是随机过程的均值；σ 是随机过程标准差；$\xi(\theta)$ 是独立标准正态随机变量。

通常情况下，为了提高模拟效率，K-L 级数展开法需要进行截断，取其前 M 项，学者们建议使用期望能比率因子 ε 进行截断项数的确定，其相应的表达式为：

$$\varepsilon = \frac{\sum_{i=1}^{M}\lambda_i}{\sum_{i=1}^{\infty}\lambda_i} = \frac{\sum_{i=1}^{M}\lambda_i}{L_x L_y} \tag{3-48}$$

式中：特征值 λ_i 需按由大到小的顺序排列；L_x、L_y 分别为随机场两个方向的长度。截断项数 M 的取值应尽可能使期望能比率因子接近于 1.0。

因此，标准二维高斯随机场最终可离散为：

$$H(x,y,\theta) = \mu + \sigma\sum_{i=1}^{M} \sqrt{\lambda_i} f_i(x,y)\xi(\theta) \tag{3-49}$$

由于二维的指数型自相关函数可以分离为两个一维指数型自相关函数的乘积，则二维指数型自相关函数的特征值 λ 等于两个一维指数型自相关函数的特征值之积；相应地，二维特征函数 $f(x)$ 也等于两个一维指数型自相关函数的特征函数之积。

3.2.2.4 拉丁超立方抽样

拉丁超立方抽样（Latin Hypercube Sampling，LHS）方法是由 Mc Kay 等于 1979 年提出的，Ronald 等在 1981 年进行了深入的阐述，详细的计算代码和手册在随后就发表了，它是一种多维分层抽样方法。它提供了一种令人满意的选择输入变量的方法，能得到输入变量均值、方差和分布函数的良好估计，从而满足预期分析的需要，与 M-C 法相比，LHS 方法对均值和方差的估计在效果上有显著改善。

独立标准正态随机变量 $\xi(\theta)$ 是保证随机场在分布概率模型中取值均匀的重要一环。鉴于拉丁超立方抽样方法具有样本点均匀性、多样性，以及抽样的高效性和可重复性，采用拉丁超立方抽样法求取 $\xi(\theta)$。其具体过程如下：

（1）首先确定模拟次数 N，然后将变量的概率分布函数等分成 N 个互不重叠的子区间，如图 3-7 所示。

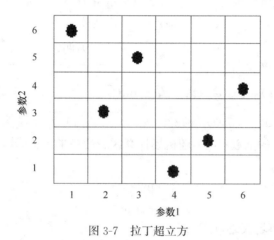

图 3-7　拉丁超立方

（2）在每个子区间内分别进行独立的等概率抽样，这可以避免 M-C 法大量反复的抽样工作。对于 N 个区间，M 个变量的 Latin 方抽样的最大组合数，可以用公式：$\prod\limits_{i=0}^{M}(N-i)^{M-1}$ 进行计算，例如，一个有 2 个变量、4 个互不重叠的子区间，则会有 576 个可能的组合。

（3）为了保证抽取的随机数属于各子区间，第 i 个子区间内的随机数 X 应满足下式：

$$X_i = \frac{X}{N} + \frac{i-1}{N}, \ \frac{i-1}{N} < X_i < \frac{1}{N} \tag{3-50}$$

式中：$i = 1, 2, \cdots, N$；X 为 $[0, 1]$ 区间内均匀分布的随机数；X_i 为第 i 个子区间的随机数。

（4）每一个子区间仅产生一个随机数，然后采用反变换法，由 N 个子区间产生的随机数得到 N 个某一概率密度函数的随机变量抽样值，最后对随机变量的抽样值进行组合，也就是对各随机变量的抽样值所属区间的序号进行随机排列。图 3-8 为正态变量的 LHS 分层抽样示意图。

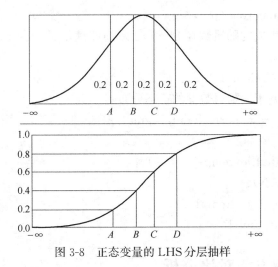

图 3-8　正态变量的 LHS 分层抽样

假设分为五层，抽样 10 次，则标准正态分布拉丁超立方抽样代码如下：

```
from numpy. random import RandomState
import scipy. stats as st
D = 10  # 抽样个数
N = 5   # 拉丁超立方层
result1 = np. empty([N, D])
result2 = np. empty([N, D])
e = np. empty([N, D])
temp1 = np. empty([N])
temp2 = np. empty([N])
emp1 = np. empty([N])
emp2 = np. empty([N])
d = 1. 0 / N
# 正态分布的 Loc=mu and scale=sigma
mu = 0
sigma = 1
data1，data3，data2 = []，[]，[]
#内摩擦角随机向量
random_state = 9999 # 伪随机数的种子
rdm = RandomState(random_state)
for i in range(D)：
    for j in range(N)：
        # 设置等概率(=1/N)区域
        e1 = st. norm. ppf(j * d, mu, sigma)
        e2 = st. norm. ppf((j + 1) * d, mu, sigma)
        emp1[j] = e2
```

```
        s = rdm. normal(mu, sigma)
        ♯ 如果生成的随机数在 e1 和 e2 之间即满足了符合要求分布的所在区域的
随机数
        while s < e1 or s > e2：
                ♯ 基于伪随机数器的正态分布
                s = rdm. normal(mu, sigma)
        temp1[j] = s
    np. random. shuffle(temp1)    ♯ 打乱
    for j in range(N)：
            result1[j, i] = temp1[j]
    data1. append(result1[:, i])
```

3.3　确定性预测方法对比分析

3.3.1　数据来源

本书依托延安大学新校区贴坡型高填方边坡工程。该贴坡型挖填方高边坡工程自 2017 年 7 月 14 日施工，至 2018 年 6 月 4 日填筑完成。选取某断面上两个监测点 A、B 进行预测方法的对比分析，断面监测点位置如图 3-9 所示。A、B 两点同时自 2017 年 12 月 5 日开始监测，自 2021 年 6 月 7 日结束，共监测 1270d。监测点 A 累计总变形为 166.45mm，监测点 B 累计总变形为 157.15mm。

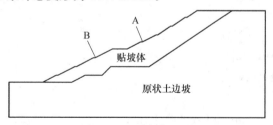

图 3-9　监测点位置图

3.3.2　方法的选取及评价指标

3.3.2.1　预测方法的选择

确定性方法分为理论型预测方法和统计型预测方法。从蠕变理论出发结合数值模拟技术是本书研究的主要方法，在接下来会重点研究。统计型预测方法中，曲线拟合法是直接对监测数据进行拟合，不能反映变形的非线性，而灰色预测模型、ARIMA 模型和 BP 神经网络均能在一定程度上反映变形的非线性，可统称为非线性预测方法。因此本节重点研究曲线拟合法和非线性预测方法对该贴坡型挖填方高边坡的适用程度。

3.3.2.2　评价指标

采用均方根误差（$RMSE$）和平均绝对百分比误差（$MAPE$）评价预测方法的离散性和可靠度，采用决定系数（R^2）评价预测值对实测值的拟合程度。$RMSE$、$RMSE \in$

$[0，+\infty]$，其越小说明预测的离散性更低、可靠度更高，$R^2 \in [0，1]$，其越大说明对实测值的拟合程度越好。三种指标的计算公式如下：

$$RMSE = \sqrt{\frac{1}{n}\sum_{i=1}^{n}(y_i - \hat{y_i})^2} \tag{3-51}$$

$$MAPE = \frac{1}{n}\sum_{i=1}^{n}\frac{|y_i - \hat{y_i}|}{y_i} \tag{3-52}$$

$$R^2 = \frac{\sum_{i=1}^{n}(\hat{y_i} - \overline{y})^2}{\sum_{i=1}^{n}(y_i - \overline{y})^2} = 1 - \frac{\sum_{i=1}^{n}(y_i - \hat{y_i})^2}{\sum_{i=1}^{n}(y_i - \overline{y})^2} \tag{3-53}$$

式中：n 为样本数；y_i、$\overline{y}$ 为实测值及其均值；$\hat{y_i}$ 为拟合值；

3.3.3　曲线拟合法结果分析

3.3.3.1　监测点 A 结果对比分析

以 910d 内的监测数据进行模型构建，以监测最后 360d 内的数据进行模型验证，四种非线性函数对监测点 A 的参数拟合情况如表 3-4 所示，不同观测时间的变形实测值与曲线拟合值的数据如表 3-5 所示，对沉降实测数据的拟合效果及预测效果如图 3-10 所示。

四种曲线拟合情况　　　　　　　　　　　　　　表 3-4

监测点	曲线名称	参数值				
		s_0	s_∞	t_0	a	b
A	双曲线	5.42	/	10	1.3323	0.005
	指数曲线	/	155.564	/	1.0169	0.0042
	Logistic 法	/	155.564	/	4.6898	0.008
	星野法	5.42	/	10	274.2836	0.0234

变形实测值与四种曲线计算值　　　　　　　　　　表 3-5

时间	实测值	双曲线	指数曲线	Logistic 法	星野法
10	5.42	5.42	3.88	29.19	5.42
30	28.92	19.38	16.10	33.18	33.97
50	32.03	31.52	27.34	37.54	45.58
70	34.91	42.18	37.67	42.29	54.34
90	38.14	51.60	47.17	47.39	61.61
110	46.03	60.00	55.90	52.82	67.91
130	55.86	67.52	63.93	58.53	73.53
150	69.82	74.31	71.31	64.48	78.61
170	83.80	80.46	78.10	70.59	83.27
190	90.68	86.05	84.34	76.79	87.58
210	95.23	91.17	90.08	83.01	91.59

续表

时间	实测值	双曲线	指数曲线	Logistic 法	星野法
230	98.16	95.87	95.36	89.16	95.35
250	98.76	100.20	100.21	95.16	98.90
270	104.61	104.19	104.67	100.96	102.25
290	110.34	107.90	108.77	106.49	105.42
310	113.80	111.34	112.54	111.70	108.45
330	117.90	114.55	116.00	116.56	111.33
350	121.37	117.55	119.19	121.04	114.08
370	123.69	120.35	122.12	125.15	116.72
390	127.52	122.98	124.82	128.88	119.25
410	130.72	125.46	127.29	132.23	121.68
430	133.16	127.79	129.57	135.23	124.02
450	134.06	129.98	131.67	137.89	126.28
470	134.80	132.06	133.59	140.25	128.45
490	135.53	134.03	135.36	142.32	130.55
510	136.81	135.89	136.99	144.14	132.58
530	137.78	137.66	138.49	145.72	134.55
550	138.39	139.34	139.86	147.09	136.45
570	139.77	140.94	141.13	148.29	138.29
590	141.23	142.46	142.29	149.32	140.08
610	142.70	143.91	143.36	150.21	141.82
630	144.16	145.30	144.34	150.98	143.50
650	145.65	146.63	145.25	151.64	145.14
670	147.18	147.90	146.08	152.21	146.74
690	148.72	149.11	146.84	152.70	148.29
710	150.25	150.28	147.54	153.11	149.80
730	151.78	151.40	148.19	153.47	151.27
750	152.36	152.47	148.79	153.78	152.71
770	152.62	153.50	149.33	154.04	154.11
790	152.88	154.49	149.83	154.26	155.47
810	153.14	155.45	150.30	154.45	156.80
830	153.46	156.37	150.72	154.62	158.10
850	153.99	157.26	151.11	154.76	159.37
870	154.51	158.11	151.47	154.87	160.61
890	155.04	158.94	151.80	154.98	161.83
910	155.56	159.73	152.10	155.06	163.01
930	156.16	160.50	152.38	155.14	164.17

续表

时间	实测值	双曲线	指数曲线	Logistic法	星野法
950	156.80	161.25	152.64	155.20	165.31
970	157.44	161.97	152.87	155.25	166.42
990	158.08	162.67	153.09	155.30	167.51
1010	158.72	163.34	153.29	155.34	168.57
1030	159.36	163.99	153.47	155.37	169.62
1050	160.00	164.63	153.64	155.40	170.64
1070	160.64	165.24	153.80	155.42	171.64
1090	161.28	165.84	153.94	155.44	172.62
1110	161.89	166.42	154.07	155.46	173.59
1130	162.46	166.98	154.19	155.48	174.53
1150	163.03	167.53	154.30	155.49	175.46
1170	163.60	168.06	154.40	155.50	176.37
1190	164.17	168.58	154.50	155.51	177.26
1210	164.74	169.08	154.58	155.52	178.14
1230	165.31	169.57	154.66	155.53	179.00
1250	165.88	170.04	154.73	155.53	179.84
1270	166.45	170.51	154.80	155.54	180.67

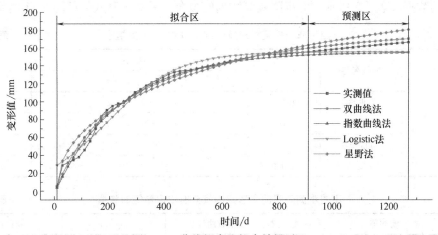

图 3-10 曲线拟合法拟合效果对比

由图 3-10 可知，在拟合区内，双曲线法和指数曲线法在前期与实测值较接近，Logistic法在后期与实测值较为接近，星野法在拟合区内的计算值均与实测值有一定差距。在预测区内，双曲线法虽然与预测值有一定差距，但是其总体与实测值呈平行状态，说明双曲线法预测趋势与实测趋势较为一致，而指数曲线法和 Logistic 法的预测值收敛较快，比实测值越来越小，星野法则是不收敛，与实测值呈越来越大的趋势。

表 3-6 为监测点 A 不同曲线评价指标统计值。在拟合区内，$RMSE$ 的大小顺序为：指数曲线法＜双曲线法＜Logistic 法＜星野法；$MAPE$ 的大小顺序为：双曲线法＜指数

曲线法＜星野法＜Logistic 法；R^2 的大小顺序为：指数曲线法＞双曲线法＞Logistic 法＞星野法，指数曲线法和双曲线法相差不大，说明指数曲线法和双曲线法对现有数据的预测精度和可靠度更好一些。从总体来看，$RMSE$ 的大小顺序为：双曲线法＜指数曲线法＜Logistic 法＜星野法；$MAPE$ 的大小顺序为：双曲线法＜指数曲线法＜星野法＜Logistic 法；R^2 的大小顺序为：双曲线法＜指数曲线法＜Logistic 法＜星野法，说明从总体来看，双曲线法预测的离散性更小，可靠度更高，是曲线拟合法中更加适合对贴坡型挖填方高边坡监测点 A 进行变形预测的曲线形式。

监测点 A 不同曲线评价指标　　　　　　　　　　表 3-6

评价区域	评价指标	双曲线法	指数曲线法	Logistic 法	星野法
拟合区	$RMSE$	4.59	3.97	6.78	7.87
	$MAPE/\%$	4.74%	4.93%	14.88%	8.24%
	R^2	0.987	0.991	0.973	0.963
总体	$RMSE$	4.55	5.40	6.77	9.06
	$MAPE/\%$	4.18%	4.86%	11.74%	7.90%
	R^2	0.987	0.982	0.972	0.949

3.3.3.2　监测点 B 结果对比分析

以 910d 内的监测数据进行模型构建，以监测最后 360d 内的数据进行模型验证，四种非线性函数对监测点 B 的参数拟合情况如表 3-7 所示，不同观测时间的变形实测值与曲线拟合值的数据如表 3-8 所示，对沉降实测数据的拟合效果及预测效果如图 3-11 所示。

四种非线性函数对监测点 B 的参数拟合情况　　　　　　　　　　表 3-7

监测点	曲线名称	参数值				
		s_0	s_∞	t_0	a	b
A	双曲线	4.919	/	10	1.1506	0.0058
	指数曲线	/	146.22	/	0.9878	0.0045
	Logistic 法	/	146.22	/	3.8477	0.0078
	星野法	4.919	/	10	209.913	0.0316

不同观测时间的变形实测值与曲线拟合值的数据　　　　　　　　　　表 3-8

时间	实测值	双曲线	指数曲线	logistic	星野法
10	4.92	4.92	8.14	32.07	4.92
30	24.99	20.71	20.02	36.15	34.29
50	29.17	33.85	30.89	40.56	46.06
70	36.21	44.96	40.81	45.29	54.83
90	43.36	54.47	49.88	50.30	62.01
110	53.95	62.70	58.18	55.57	68.17
130	60.28	69.90	65.75	61.03	73.58
150	76.22	76.25	72.68	66.64	78.43

时间	实测值	双曲线	指数曲线	logistic	星野法
170	87.95	81.89	79.01	72.32	82.83
190	94.77	86.94	84.79	78.02	86.85
210	100.09	91.48	90.08	83.66	90.56
230	102.14	95.58	94.91	89.17	94.01
250	100.73	99.31	99.33	94.49	97.21
270	103.47	102.71	103.36	99.58	100.22
290	108.96	105.83	107.05	104.39	103.04
310	110.83	108.70	110.42	108.89	105.70
330	113.52	111.35	113.50	113.06	108.22
350	115.86	113.80	116.32	116.89	110.60
370	117.15	116.08	118.89	120.38	112.86
390	119.38	118.20	121.25	123.53	115.01
410	121.58	120.17	123.40	126.36	117.06
430	123.85	122.02	125.36	128.89	119.02
450	124.71	123.75	127.16	131.13	120.89
470	125.71	125.38	128.80	133.12	122.69
490	126.84	126.91	130.30	134.86	124.41
510	128.49	128.36	131.67	136.39	126.05
530	129.70	129.72	132.92	137.73	127.64
550	130.91	131.01	134.06	138.90	129.16
570	131.85	132.23	135.11	139.91	130.63
590	132.77	133.39	136.07	140.79	132.04
610	133.69	134.49	136.94	141.55	133.41
630	134.60	135.54	137.74	142.20	134.72
650	135.56	136.53	138.47	142.77	135.99
670	136.62	137.49	139.14	143.26	137.22
690	137.68	138.39	139.75	143.68	138.41
710	138.73	139.26	140.30	144.04	139.56
730	139.79	140.09	140.81	144.35	140.68
750	140.47	140.88	141.28	144.62	141.76
770	141.03	141.64	141.70	144.85	142.80
790	141.58	142.37	142.09	145.04	143.82
810	142.14	143.07	142.45	145.21	144.80
830	142.77	143.75	142.77	145.36	145.76
850	143.63	144.39	143.07	145.48	146.69
870	144.49	145.02	143.34	145.59	147.60

续表

时间	实测值	双曲线	指数曲线	logistic	星野法
890	145.36	145.61	143.59	145.68	148.48
910	146.22	146.19	143.81	145.76	149.34
930	146.94	146.75	144.02	145.82	150.17
950	147.59	147.29	144.21	145.88	150.98
970	148.23	147.80	144.38	145.93	151.77
990	148.88	148.31	144.54	145.97	152.54
1010	149.53	148.79	144.69	146.01	153.30
1030	150.17	149.26	144.82	146.04	154.03
1050	150.82	149.71	144.94	146.06	154.75
1070	151.46	150.15	145.05	146.09	155.44
1090	152.11	150.58	145.15	146.11	156.13
1110	152.71	150.99	145.24	146.12	156.79
1130	153.27	151.39	145.33	146.14	157.44
1150	153.82	151.78	145.40	146.15	158.08
1170	154.38	152.15	145.47	146.16	158.70
1190	154.93	152.52	145.54	146.17	159.31
1210	155.49	152.87	145.60	146.18	159.90
1230	156.04	153.22	145.65	146.18	160.48
1250	156.60	153.55	145.70	146.19	161.05
1270	157.15	153.88	145.74	146.19	161.61

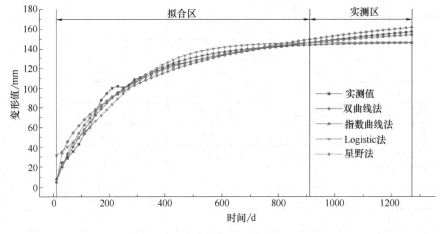

图 3-11　曲线拟合法拟合效果对比

由图 3-11 可知，在拟合区内，双曲线法计算值与实测值最接近，其次是指数曲线法。Logistic 法和星野法在拟合区内的计算值均与实测值有一定差距，且 Logistic 法对于初始数据的拟合效果较差。在预测区内，双曲线法衰减得较慢，与实测值之间差距最小，而指数曲线法和 Logistic 法的预测值收敛较快，比实测值越来越小，星野法与实测值趋势较为一致，但却呈越来越大的趋势。

表 3-9 为监测点 B 不同曲线评价指标统计值。在拟合区内，$RMSE$ 的大小顺序为：指数曲线法＜双曲线法＜星野法＜Logistic 法；$MAPE$ 的大小顺序为：双曲线法＜指数曲线法＜星野法＜Logistic 法；R^2 的大小顺序为：指数曲线法＞双曲线法＞星野法＞Logistic 法，相比之下，拟合区内双曲线法效果更好，但指数曲线法与其相差不大，而 Logistic 法三个指标的值均最大，且基本远大于其他三种曲线。从总体来看，$RMSE$ 的大小顺序为：双曲线法＜指数曲线法＜星野法＜Logistic 法；$MAPE$ 的大小顺序为：双曲线法＜指数曲线法＜星野法＜Logistic 法；R^2 的大小顺序为：双曲线法＜指数曲线法＜星野法＜Logistic 法，从总体来看，双曲线法预测的离散性更小，可靠度更高，是曲线拟合法中更加适合对贴坡型挖填方高边坡监测点 A 进行变形预测的曲线形式，而 Logistic 法的精度可靠性也最小。

从 A、B 两个监测点来看，双曲线法是最符合贴坡型挖填方高边坡变形预测的曲线形式，指数曲线法仅次之，但其外延预测收敛较快，而 Logistic 法和星野法的误差与前两者相比较大，不适合进行预测。

监测点 B 不同曲线评价指标　　　　　　　　　　表 3-9

评价区域	评价指标	双曲线法	指数曲线法	Logistic 法	星野法
拟合区	$RMSE$	3.81	3.75	8.32	6.64
	$MAPE/\%$	3.70%	4.90%	19.25%	7.52%
	R^2	0.989	0.990	0.949	0.967
总体	$RMSE$	3.38	5.14	7.93	6.02
	$MAPE/\%$	2.95%	4.83%	14.96%	6.15%
	R^2	0.991	0.980	0.953	0.973

3.3.4　非线性方法结果分析

边坡在施工过程中及完工后期间，受重力、雨水、冻融和车辆等人为及环境因素影响下，其变形趋势在主变形趋势上会出现一定的波动性，使得变形呈现一定的非线性特征。曲线拟合法能对主趋势变形进行良好的预测，但是对变形中的波动性不能做出反映，因此本节使用灰色预测模型、ARIMA 模型和 BP 神经网络这三种能对这种变形波动性进行描述的预测方法进行贴坡型挖填方高边坡变形预测，分析其适用性。

3.3.4.1　监测点 A 结果对比分析

以 910d 内的监测数据进行模型构建，以监测最后 360d 内的数据进行模型验证，三种预测模型对监测点 A 的参数拟合情况如下所示，不同观测时间的变形实测值与曲线拟合值的数据如表 3-10 所示，对沉降实测数据的拟合效果及预测效果如图 3-12 所示。

灰色模型：$a=-0.0197$，$b=75.0894$。

ARIMA 模型：$p=2$，$d=1$，$q=2$。

BP 神经网络模型：输入层节点 6，隐藏层节点 5，学习率 0.01。

不同观测时间的变形实测值与曲线拟合值的数据　　　　表 3-10

时间	实测值	GM 模型	ARIMA 模型	BP 神经网络
10	5.42	5.42	/	/
30	28.92	75.94	/	/
50	32.03	77.45	52.12	/
70	34.91	79.00	29.43	/
90	38.14	80.57	43.56	/
110	46.03	82.17	49.65	/
130	55.86	83.81	61.83	55.88
150	69.82	85.48	70.39	69.80
170	83.80	87.18	84.64	83.79
190	90.68	88.91	94.86	90.48
210	95.23	90.68	94.26	95.27
230	98.16	92.49	98.09	98.07
250	98.76	94.33	101.56	98.90
270	104.61	96.21	102.17	104.48
290	110.34	98.12	112.98	110.49
310	113.80	100.07	117.32	113.98
330	117.90	102.07	117.90	118.05
350	121.37	104.10	121.79	121.58
370	123.69	106.17	123.98	124.57
390	127.52	108.28	125.02	126.66
410	130.72	110.44	129.76	130.06
430	133.16	112.64	132.08	133.10
450	134.06	114.88	133.99	135.27
470	134.80	117.17	134.26	136.24
490	135.53	119.50	135.68	136.85
510	136.81	121.88	136.91	137.23
530	137.78	124.30	138.67	138.06
550	138.39	126.78	139.10	138.83
570	139.77	129.30	139.03	139.38
590	141.23	131.88	140.47	140.89
610	142.70	134.50	141.28	142.43
630	144.16	137.18	142.19	143.81
650	145.65	139.91	143.34	145.42
670	147.18	142.69	144.79	147.02
690	148.72	145.53	146.54	148.51
710	150.25	148.43	148.41	149.97
730	151.78	151.39	150.38	151.38

时间	实测值	GM 模型	ARIMA 模型	BP 神经网络
750	152.36	154.40	152.34	152.76
770	152.62	157.47	152.68	153.20
790	152.88	160.61	153.26	153.29
810	153.14	163.80	153.82	153.44
830	153.46	167.06	154.04	153.42
850	153.99	170.39	154.08	153.51
870	154.51	173.78	154.19	153.93
890	155.04	177.24	154.06	154.39
910	155.56	180.77	154.02	154.85
930	156.16	184.37	154.15	155.32
950	156.80	188.04	151.37	155.82
970	157.44	191.78	148.34	156.33
990	158.08	195.60	146.04	156.82
1010	158.72	199.49	144.72	157.31
1030	159.36	203.46	143.86	157.79
1050	160.00	207.51	142.51	158.24
1070	160.64	211.64	139.95	158.69
1090	161.28	215.86	136.08	159.12
1110	161.89	220.15	131.40	159.54
1130	162.46	224.53	126.65	159.92
1150	163.03	229.00	122.37	160.27
1170	163.60	233.56	118.57	160.62
1190	164.17	238.21	114.78	160.95
1210	164.74	242.95	110.42	161.27
1230	165.31	247.79	105.11	161.59
1250	165.88	252.72	98.90	161.91
1270	166.45	257.75	92.19	162.21

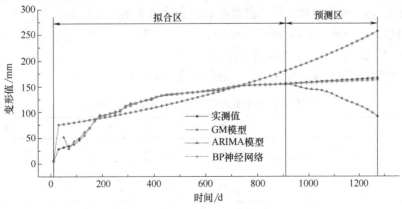

图 3-12　非线性方法拟合效果对比

从图 3-12 可以看出，在拟合区内，GM(1，1) 模型对整个过程的拟合结果与实测值都有较大差距，且对变形非线性的描述也近乎没有。受模型本身的限制，ARIMA(2，1，2) 模型和 BP 神经网络模型需要输入初始数据才能对后续数据进行拟合。ARIMA(2，1，2) 模型对前期数据预测波动较大，对变形波动性的反映要比 GM(1，1) 模型要好。BP 神经网络模型与前两个相比具有较好的精度，拟合结果与实测值非常接近，且对变形的波动性描述更好。在预测区内，由于 GM(1，1) 模型，其预测值则更偏离实测值，预测效果不好，要高于实测数据。ARIMA(2，1，2) 模型预测值远远低于实测值，外延预测效果也不好。BP 神经网络模型尽管略低于实测数据，但相差不大，且变形趋势与实测变形趋势接近，外延预测较好。

表 3-11 为三种非线性方法下监测点 A 评价指标统计值。GM(1，1) 模型的 $RMSE$ 和 $MAPE$ 无论从拟合区或者总体去看，均远大于其他两种预测方法，R^2 也远小于其他两种预测方法，并不适合进行贴坡型挖填方高边坡变形预测。ARIMA(2，1，2) 模型的 $RMSE$、$MAPE$ 和 R^2 均处于中间位置，其在拟合区与 BP 神经网络较为接近，但由于外延预测不好，导致其总体三项评价指标值与 BP 神经网络相差较大。BP 神经网络模型无论是从拟合区或者总体来看，$RMSE$、$MAPE$ 和 R^2 均最小，说明 BP 神经网络预测方法的离散型更小，结果更可靠，更接近实测值，最适合于监测点 A 的变形预测。

三种非线性方法下监测点 A 评价指标　　　　　　　表 3-11

评价区域	评价指标	GM 模型	ARIMA 模型	BP 神经网络
	$RMSE$	19.18	3.71	0.52
拟合区	$MAPE$/%	22.08%	3.38%	0.29%
	R^2	0.780673	0.989344	0.999656
	$RMSE$	36.12	21.09	1.50
总体	$MAPE$/%	25.86%	8.10%	0.65%
	R^2	0.010389	0.604399	0.997847

3.3.4.2　监测点 B 结果对比分析

以 910d 内的监测数据进行模型构建，以监测最后 360d 内的数据进行模型验证，三种预测模型对监测点 B 的参数拟合情况如下所示，不同观测时间的变形实测值与曲线拟合值的数据如表 3-12 所示，对沉降实测数据的拟合效果及预测效果如图 3-13 所示。

灰色模型：$a=-0.0178$，$b=74.9356$。

ARIMA 模型：$p=2$，$d=1$，$q=1$。

BP 神经网络模型：输入层节点 6，隐藏层节点 4，学习率 0.01。

不同观测时间的变形实测值与曲线拟合值的数据　　　　　　表 3-12

时间	实测值	GM 模型	ARIMA 模型	BP 神经网络
10	4.92	4.92	/	/
30	24.99	75.69	9.81	/
50	29.17	77.05	41.61	/
70	36.21	78.44	38.41	/

时间	实测值	GM 模型	ARIMA 模型	BP 神经网络
90	43.36	79.84	44.84	/
110	53.95	81.28	51.38	/
130	60.28	82.74	63.11	58.85
150	76.22	84.22	67.90	73.38
170	87.95	85.73	87.53	86.25
190	94.77	87.27	98.71	94.32
210	100.09	88.84	103.53	98.31
230	102.14	90.43	107.44	102.34
250	100.73	92.06	107.33	101.59
270	103.47	93.71	103.40	103.46
290	108.96	95.39	106.69	107.41
310	110.83	97.10	113.28	110.35
330	113.52	98.84	113.96	113.14
350	115.86	100.62	116.67	116.66
370	117.15	102.42	118.76	116.88
390	119.38	104.26	119.47	117.54
410	121.58	106.13	121.86	121.26
430	123.85	108.04	124.04	122.60
450	124.71	109.98	126.34	124.46
470	125.71	111.95	126.59	126.01
490	126.84	113.96	127.42	127.01
510	128.49	116.01	128.47	128.44
530	129.70	118.09	130.30	129.76
550	130.91	120.21	131.36	131.32
570	131.85	122.37	132.52	132.19
590	132.77	124.56	133.33	133.05
610	133.69	126.80	134.17	133.80
630	134.60	129.07	135.04	134.92
650	135.56	131.39	135.93	135.74
670	136.62	133.75	136.89	136.64
690	137.68	136.15	137.98	137.44
710	138.73	138.59	139.05	138.21
730	139.79	141.08	140.12	139.00
750	140.47	143.61	141.18	139.78
770	141.03	146.19	141.70	140.43
790	141.58	148.81	142.14	141.13

时间	实测值	GM 模型	ARIMA 模型	BP 神经网络
810	142.14	151.48	142.64	141.80
830	142.77	154.20	143.15	142.39
850	143.63	156.97	143.79	143.08
870	144.49	159.79	144.75	143.68
890	145.36	162.66	145.65	144.20
910	146.22	165.57	146.54	144.74
930	146.94	168.55	147.42	145.30
950	147.59	171.57	148.77	145.79
970	148.23	174.65	150.25	146.39
990	148.88	177.79	151.85	146.99
1010	149.53	180.98	153.58	147.54
1030	150.17	184.22	155.42	148.12
1050	150.82	187.53	157.36	148.64
1070	151.46	190.90	159.42	149.12
1090	152.11	194.32	161.57	149.61
1110	152.71	197.81	163.83	150.08
1130	153.27	201.36	166.18	150.54
1150	153.82	204.97	168.62	150.99
1170	154.38	208.65	171.15	151.44
1190	154.93	212.40	173.77	151.87
1210	155.49	216.21	176.46	152.30
1230	156.04	220.09	179.24	152.73
1250	156.60	224.04	182.09	153.13
1270	157.15	228.06	185.02	153.52

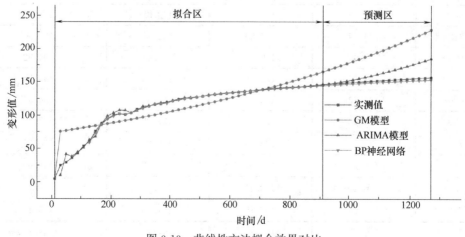

图 3-13　非线性方法拟合效果对比

从图 3-13 可以看出，在拟合区内，GM(1，1) 模型在前期拟合波动较大，尽管在中后期与实测值相差比后两种预测模型大，但预测趋势较为接近。与监测点 A 相同，ARIMA(2，1，1) 模型和 BP 神经网络模型需要输入初始数据才能对后续数据进行拟合。ARIMA(2，1，1) 模型对前期数据预测波动较大，对变形波动性的反映要比 GM(1，1) 模型要好，但这种非线性有一定滞后性。BP 神经网络模型与前两个相比具有较好的精度，拟合结果与实测值非常接近，且对变形的非线性描述更好。在预测区内，由于 GM(1，1) 模型和 ARIMA(2，1，1) 模型预测值均高于实测值，但 ARIMA(2，1，1) 模型预测值要比 GM(1，1) 模型更为接近实测值。BP 神经网络模型尽管略低于实测数据，且变形趋势与实测变形趋势接近，外延预测要好于 GM(1，1) 模型和 ARIMA(2，1，1) 模型。

表 3-13 为三种非线性方法下监测点 B 评价指标统计值。GM(1，1) 模型的 $RMSE$ 和 $MAPE$ 无论从拟合区或者总体去看，均远大于其他两种预测方法，R^2 也远小于其他两种预测方法，并不适合进行贴坡型挖填方高边坡变形预测。ARIMA(2，1，1) 模型的 $RMSE$、$MAPE$ 和 R^2 均处于中间位置，其在拟合区与 BP 神经网络较为接近，但由于外延预测不好，导致其总体三项评价指标值与 BP 神经网络相差较大。BP 神经网络模型无论是从拟合区或者总体来看，$RMSE$、$MAPE$ 和 R^2 均最小，说明 BP 神经网络预测方法的离散型更小，结果更可靠，更接近实测值，最适合于监测点 A 的变形预测。

从 A、B 两个监测点来看，非线性预测方法中 BP 神经网络模型是最符合贴坡型挖填方高边坡变形预测的模型，而 GM 模型和 ARIMA 模型的外延预测均不好，不适合进行贴坡型挖填方高边坡变形预测。

三种非线性方法下监测点 B 评价指标   表 3-13

评价区域	评价指标	GM 模型	ARIMA 模型	BP 神经网络
拟合区	$RMSE$	17.56	2.89	0.91
	$MAPE/\%$	21.29%	2.46%	0.62%
	R^2	0.771	0.989	1.000
总体	$RMSE$	0.99	8.20	1.65
	$MAPE/\%$	99.81%	3.96%	0.95%
	R^2	0.283	0.931	0.997

3.3.5 预测方法优劣分析

根据上述对方法的分析过程可以发现。在曲线拟合法中，双曲线模型是最能对总体的变形趋势做出较好描述的方法，但是其无法描述填方边坡在分层填筑过程中由于应力变化而引起的变形非线性。在非线性预测方法中，GM 模型的预测误差较大，ARIMA 能对非线性变形有一定的描述，但是模型外延性较差，导致预测变形与实测值有较大差别。BP 神经网络模型非线性变形的拟合程度要高于 ARIMA 模型，其预测值与实测值相差较小。总体来说，双曲线法和 BP 神经网络模型的预测精度比较适合于贴坡型挖填方高边坡变形预测。

但是，高填方边坡施工时是分层填筑，上层土体对下层土体变形有很大影响，不同位置处的变形具有较强的相关性，以几种上种方法均无法反映这种变形相关性。其次，统计型预测方法依赖于监测数据，不能对设计及施工起指导意义。而从边坡变形的蠕变机理出发，结合数值模拟进行变形预测的方法却可以考虑这种内在相关性，并提供相应的参考价值。但是由于土体的自然形成过程、填土压实工艺及认知过程的差异使得土性参数表现出一定的空间变异性，而现有理论型预测方法仅从刚度参数或强度参数变异性出发，且多是围绕基坑变形、盾构隧道地表变形进行研究，其预测值往往是确定值。从边坡蠕变这一角度出发，考虑土体不确定性引起蠕变随机性的研究甚少。因此，本书将从这一角度出发，结合蠕变理论和数值模拟，建立一种能考虑蠕变随机性的变形预测方法。

3.4 本章小结

现有边坡变形预测方法预测值为确定值，可称为确定性预测方法。根据预测原理的不同，又可分为具有明确物理解释的理论型预测方法和依赖于变形监测数据的统计型预测方法。本节对理论型预测方法中的斋藤迪孝模型、苏爱军模型、福囿斜坡时间预报法、数值模拟法和统计型预测方法中的曲线拟合法、灰色预测模型、ARIMA 模型、BP 神经网络模型及粒子群优化算法进行详细介绍。其次，边坡长期变形的本质是蠕变，且土体具有空间变异性，为考虑这两个现象，对涉及的蠕变模型理论及随机场理论进行了详细介绍，为提出一种考虑蠕变随机性的变形预测方法提供理论依据。本章并以延安大学新校区贴坡型挖填方高边坡工程为例，分析了统计型变形预测方法在边坡变形预测中的使用程度，得出了以下几点结论：

（1）双曲线法无论是在拟合区还是预测区，其计算结果均与实测值较为接近，且变形趋势与实测值较为一致，$RMSE$、$MAPE$ 和 R^2 基本都处于最优位置，是曲线拟合法中最适合进行贴坡型挖填方高边坡变形预测的非线性函数。

（2）研究发现，GM 模型完全不适合进行贴坡型挖填方高边坡变形预测，ARIMA 模型在拟合区效果良好，但外延预测较差。BP 神经网络模型预测精度最高，且能对受外界因素影响的变形波动性作很好的描述，比较适合进行贴坡型挖填方高边坡变形预测。

（3）尽管统计型预测模型有的预测精度较高，但也有相应缺陷。如曲线拟合法不能描述非线性，BP 神经网络模型参数确定不易，存在固有缺陷，并且统计型预测方法均不能考虑边坡变形的内在相关性，不能对设计施工起指导性意义，外延预测也存在不同程度的波动性。因此，在理论型预测方法的基础上，考虑土体参数变异性这一实际情况，成为本书研究变形预测方法的重点。

第4章　黄土贴坡型挖填方高边坡
边坡可靠性分析及影响评价

土体作为天然材料的岩土介质，其土性参数具有很强的空间变异性。这使得能考虑土性参数空间变异性的随机场理论在边坡稳定性可靠性分析中应用甚广。因此本节首先通过认识强度参数空间变异性在边坡稳定性可靠性中的应用去进一步掌握相关理论方法，为提出一种不确定性预测方法做铺垫。

试验重塑土样取自陕西省延安市延安大学新校区后高填方边坡的贴坡体，为 Q_3 黄土。土质以粉土为主，具小孔、零星草根和极小石块，偶见虫壳碎片，可见少量白色钙质薄膜。取土时需对坡体表面进行清理，然后使用铁锹将土装入编织袋，等待运回。取土现场如图 4-1 所示。

图 4-1　重塑土取样过程

原状土易破碎，其取样方法与重塑土相比较为复杂。经过不断尝试，本书总结出以下原状土取样方法，具体步骤如下：

（1）对坡体表面进行清理；

（2）用铲子将原状土切削成台阶状；

（3）使用手锯及铲子将原状土切削成易于搬动的块状；

（4）使用刀具将土块表面削平，并去除 12 条棱角；

（5）使用两层塑料纸包裹住原状土块，并进行标注；

（6）使用胶带对土块进一步密封；

（7）将土块放置于松软的重塑土上运回。

原状土取样过程如图 4-2 所示。将取到的重塑土和原状土按照《土工试验方法标准》GB/T 50123—2019 进行各项土工试验。

(a) 土样切削　　　　　　　　　　　　　(b) 土样包装

图 4-2　原状土取样过程

压实黄土基本物理性质试验：将试验用土过筛，使用烘箱烘干后进行各项基本物理性质试验。比重试验采用比重瓶法；颗粒分析试验采用密度计法；界限含水量试验采用南京土壤仪器厂生产的 GYS-2 型液塑限联合测定仪测量。经过试验，各项物理性质指标如表 4-1 所示。

压实黄土基本物理性质　　　　　　　　　　　　　　　　　表 4-1

比重	界限含水量/%		塑性指数/%	按塑性图分类	颗粒组成/%		
	液限/%	塑限/%			<0.005mm	0.005~0.075mm	>0.075mm
2.7	29.7	18.4	11.3	CL	1.05	78.43	20.52

通过室内轻型击实试验，求取压实黄土的最大干密度和最优含水率，作为一维固结蠕变试验设置干密度和含水率的参考。首先将所用土样过 5mm 筛，使用烘箱烘干，然后按照 9%、11%、13%、14%、17%、19%、21%为目标含水率配制土样。配制时每放一层土，使用喷壶淋一次水，静置 24h 后进行试验。根据《土工试验方法标准》GB/T 50123—2019，使用击实仪进行各含水率土样的击实试验。击实完成后，将击实样从击实筒中推出后从中间掰开，在左右两边各取一个试样测其含水率，两个试样含水率的最大允许差值为 ±1%，以两个试样含水率平均值作为该试样的最终含水率。经过试验，最终击实曲线如图 4-3 所示。轻

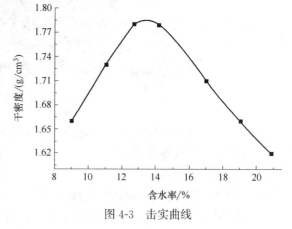

图 4-3　击实曲线

型击实试验下压实黄土最大干密度为 1.785g/cm³，最优含水率为 13.45%。

4.1　强度参数与干密度相关性研究

4.1.1　试验方案

试验用土取自延安市某贴坡型挖填方高边坡工程的 Q_3 黄土，将试验用土过 2mm 筛，烘干后配制成含水率 14%，干密度分别为 1.50g/cm³、1.55g/cm³、1.60g/cm³、1.65g/cm³、1.70g/cm³、1.75g/cm³ 的试验用土。参照《土工试验方法标准》GB/T 50123—2019 制取标准直剪试验土样，在 100kPa、200kPa、300kPa、400kPa 压力下进行直剪试验，并采用最小二乘法拟合曲线求取抗剪强度参数。每组实验都设置平行试验，以避免试验过程引起的变异性。

4.1.2　试验结果分析

试验所得压实黄土黏聚力、内摩擦角与干密度的拟合关系如图 4-4、图 4-5 所示。由图可知，黏聚力与干密度的关系近似指数函数（$c=0.00365e^{5.356\rho}$），内摩擦角与干密度的关系近似线性函数（$\varphi=11.655\rho+3.784$），两者都随着干密度的增大而增大。

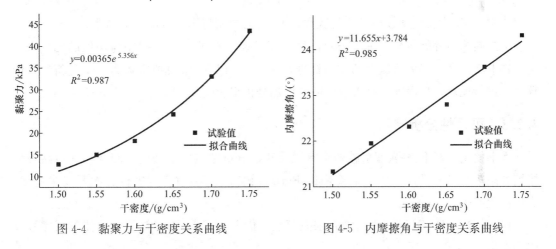

图 4-4　黏聚力与干密度关系曲线　　　　图 4-5　内摩擦角与干密度关系曲线

4.2　基于干密度随机场的边坡可靠性分析方法

4.2.1　干密度随机场模型

相关研究表明，以正态分布作为土体干密度概率模型拟合度较高，但考虑到假设土体干密度不超过其最大干密度并限制其最小干密度，可以采用截尾正态分布随机场表征干密度的空间变异性。因此采用 K-L 级数展开法离散随机场，相关截尾正态分布随机场可表示为：

$$H(x,y,\theta)=\mu+\sigma\Phi^{-1}\left\{\Phi\left(\frac{a-\mu}{\sigma}\right)+\left[\Phi\left(\frac{b-\mu}{\sigma}\right)-\Phi\left(\frac{a-\mu}{\sigma}\right)\right]\Phi[P(x,y,\theta)]\right\} \quad (4\text{-}1)$$

$$P(x,y,\theta)=\sum_{i=1}^{M}\sqrt{\lambda_i}f_i(x,y)\xi(\theta) \tag{4-2}$$

式中：μ，σ 分别为相关正态分布的均值和标准差；Φ 表示标准正态分布的分布函数；a，b 分别为截尾正态分布的取值下限和上限；M 为截断项数。

根据 LI 等的研究，相关函数类型对结果的影响并不大，因此本书选择指数型相关函数作为土体参数的自相关性。

4.2.2 可靠性分析法

蒙特卡洛法的基本思想是：当所要求解的问题是某种事件出现的概率，或者是某个随机变量的期望值时，它们可以通过某种"试验"的方法，得到这种事件出现的频率，或者这个随机变数的平均值，并用它们作为问题的解。将蒙特卡洛法与在稳定性分析中应用甚广的强度折减法结合，应用到随机有限元中，就可以对边坡进行可靠性分析。以此定义失效概率为：

$$P_f=\frac{N_f}{N_m}\times100\% \tag{4-3}$$

式中：N_f 为安全系数小于 1 的次数；N_f 为总的蒙特卡洛（MCS）次数。

根据赵炼恒等的研究，可用失效概率的变异系数 COV_{P_f}（标准差与均值的比）来确定蒙特卡洛次数。将失效概率的收敛标准定为 0.1，以 50 组模拟次数为一个分析组，计算完毕进行比较，从而确定是否进行需要增加分析组。

4.2.3 可靠性分析流程

本书使用蒙特卡洛-强度折减随机有限元法，分析贴坡体干密度空间变异性对贴坡型挖填方高边坡可靠性的影响，需要借助 Python 语言对 ABAQUS 进行二次开发来完成，实现流程如图 4-6 所示。

（1）使用 ABAQUS 建立边坡有限元模型，借助 Python 脚本提取贴坡体单元序号及中心点坐标。

（2）确定干密度随机场均值、变异系数和相关距离，根据提取的序号及坐标，使用 K-L 级数展开法生成干密度随机场。

（3）根据 2.2 节的公式计算出每个网格处的 c、φ 值，将强度参数赋予有限元模型，并导出初始计算 INP 文件。

（4）通过 Python 脚本生成 50 干密度随机场，并计算出 50 组 c、φ 值，批量替换初始 INP 文件生成 50 个待计算 INP 文件。

（5）再通过 ABAQUS COMMAND 提交批量计算程序得到多个 ODB 文件。

（6）使用 Python 脚本提取 ODB 文件中的安全系数，并计算是否达到收敛标准，若不收敛，重复（4）～（6）步，直至收敛。

（7）统计分析失效概率和安全系数均值。

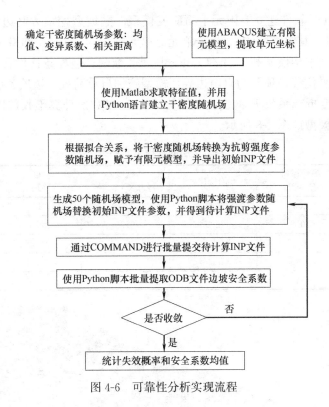

图 4-6　可靠性分析实现流程

4.3　敏感性分析

4.3.1　数值分析模型

贴坡型挖填方高边坡模型取自延安某高填方工程，对原始边坡削坡之后填筑而成。原始边坡从上往下分别为黄土层（Q_3^{eol}），古土壤（Q_2^{el}），红黏土（N_2），砂岩（J_1^{yl}）。边坡总长 301m，高 127m，其中贴坡体长 222m，高 82m。边坡尺寸及地层结构如图 4-7 所示。

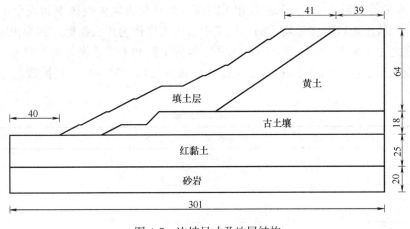

图 4-7　边坡尺寸及地层结构

采用 ABAQUS 软件建立有限元平面应变模型。贴坡型挖填方高边坡划分 4090 个单元和 4240 个节点，其中贴坡体 1311 个单元。单元类型为 CPE4，网格全部为四边形。土体采用理想弹塑性本构模型和 Mohr-Coulomb 屈服准则；边界条件设置为底部固定约束，左右两侧限制水平位移，顶部为自由边界。模型施加自重荷载，边坡各层物理力学参数如表 4-2 所示。强度折减系数 F 的变化范围为 0~2，以数值计算不收敛作为土坡稳定的评价标准。有限元模型如图 4-8 所示。

各岩土层的物理力学参数 表 4-2

	弹性模量 E/MPa	泊松比	密度 γ/kN·m^{-3}	黏聚力 c/kPa	内摩擦角 φ/(°)
J_1^{yl}	300	0.25	26	15	70
N_2	40.9	0.35	21.9	32.58	22.17
Q_2^{el}	34.77	0.35	19.6	31.55	21.84
Q_3^{eol}	35.8	0.36	20	32.8	22.32
填土层	34	0.35	19.5	—	—

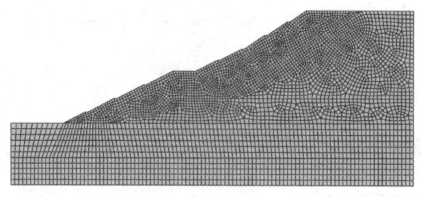

图 4-8 有限元模型

4.3.2 有限元计算方案

本次数值分析将研究贴坡体干密度随机场参数的变化：即分析干密度变异系数（COV_ρ），水平相关距离（l_h）和垂直相关距离（l_v）对边坡失效概率和安全系数均值的作用规律，原状土边坡看作是均质的。施工中以压实度作为压实指标，其为相应干密度与最大干密度之比。本书将 0.8 和 1.0 作为压实度的下限和上限，换算为干密度，干密度随机场参数取值如下：$\mu=1.7\mathrm{g/cm^3}$；$a=1.424$，$b=1.78$，$M=10$。具体数值分析方案如表 4-3 所示。

数值分析方案 表 4-3

计算方案	影响因素	变异系数 COV_ρ	水平相关距离 l_h/m	竖直相关距离 l_v/m
1		0.05		
2		0.1		
3	变异系数 COV_ρ	0.2	30	3
4		0.3		
5		0.4		

计算方案	影响因素	变异系数 COV_ρ	水平相关距离 l_h/m	竖直相关距离 l_v/m
6	水平相关距离 l_h/m	0.2	10	3
7			20	
8			40	
9			50	
10	竖直相关距离 l_v/m	0.2	30	1
11				2
12				4
13				5

4.3.3 影响因素分析

(1) 变异系数的影响

图 4-9 为失效概率（P_f）和安全系数均值（u_F）随干密度变异系数的变化关系。P_f 随着 COV_ρ 的增大而增大，u_F 随着 COV_ρ 的增大而减小。当 COV_ρ 从 0.05 增加到 0.4 时，P_f 从 0.20% 增加到 11%，增幅为 5400%，u_F 从 1.315 降低到 1.178，降幅为 10.42%。相同增幅下，失效概率对变异系数的变化更为敏感。当贴坡体干密度的变异性更大时，贴坡型挖填方高边坡的失效风险会更高。

(2) 水平相关距离的影响

图 4-10 为失效概率（P_f）和安全系数均值（u_F）随干密度水平相关距离的变化关系曲线。P_f 随着 l_h 的增大先增大后减小，u_F 随着 l_h 的增大先减小后增大，两者的变化为"抛物线"形式。当 l_h 从 10 增加到 50 时，P_f 从 3.00% 增加到 7.20%，再减小到 5.60%，u_F 从 1.199 降低到 1.191，再增加到 1.201。

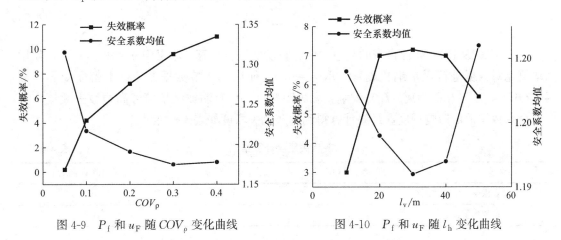

图 4-9 P_f 和 u_F 随 COV_ρ 变化曲线　　　　图 4-10 P_f 和 u_F 随 l_h 变化曲线

(3) 垂直相关距离的影响

图 4-11 为失效概率（P_f）和安全系数均值（u_F）随干密度垂直相关距离的变化关系曲线。P_f 随着 l_v 的增大而增大，u_F 随着 l_v 的增大而减小。当 l_v 从 1 增加到 5 时，P_f 从 0.40% 增加到 14.00%，增幅为 3400%，u_F 从 1.215 降低到 1.175。相同增幅下，失

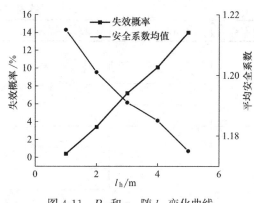

图 4-11　P_f 和 u_F 随 l_v 变化曲线

效概率对垂直相关距离的变化更为敏感。垂直相关距离对边坡可靠性的影响比水平相关距离要大。

4.3.4　灰色关联分析

灰色关联分析是由邓聚龙教授提出的一种非确定性分析方法，可以通过关联度量化各影响因素对目标因素的影响程度。关联度的计算首先需要对原始参考数列进行无量纲标准化处理，然后计算出关联系数，由此来计算关联度。本节将使用灰色关联分析来确定各影响因素对贴坡型挖填方高边坡可靠性的影响程度。

假设参考序列为 $x_0=\{x_0(k);\ k=1,2,\cdots n\}$，$x_i=\{x_i(k);\ k=1,2,\cdots n\}$，$i=1,2,\cdots,m$，为 m 个比较数列，则关联系数计算公式为：

$$\xi_i(k)=\frac{\min\limits_{i\in m}\min\limits_{k\in n}|x_0(k)-x_i(k)|+\rho\max\limits_{i\in m}\max\limits_{k\in n}|x_0(k)-x_i(k)|}{|x_0(k)-x_i(k)|+\rho\max\limits_{i\in m}\max\limits_{k\in n}|x_0(k)-x_i(k)|} \quad (4\text{-}4)$$

式中：$\xi_i(k)$ 为 x_i 对 x_0 在 k 时刻的关联系数；$\min\limits_{i\in m}\min\limits_{k\in n}|x_0(k)-x_i(k)|$ 为在对应的任何时刻所有序列与样本数列差值的最小绝对值；$\max\limits_{i\in m}\max\limits_{k\in n}|x_0(k)-x_i(k)|$ 为在对应的任何时刻所有序列与样本数列差值的最大绝对值；ρ 为分辨系数，一般在 0～1 之间取值。

关联度计算公式为：

$$\gamma_i=\frac{1}{n}\sum_{k=1}^{n}\xi_i(k) \quad (4\text{-}5)$$

使用 SPSSPRO 软件自带的灰色关联分析功能进行计算。本书中 $n=13$，$m=3$，使用均值化对数据进行无量纲化处理，取 $\rho=0.5$，使用 4.3 节数据，分析干密度变异系数（COV_ρ），水平相关距离（l_h）和垂直相关距离（l_v）对贴坡型挖填方高边坡失效概率和安全系数均值的影响程度。最终计算得到的灰色关联度如表 4-4 所示。

灰色关联度计算结果 表 4-4

	变异系数 COV_ρ	水平相关距离 l_h/m	竖直相关距离 l_v/m
失效概率/P_f	0.725	0.589	0.71
安全系数均值/u_F	0.806	0.822	0.824

从表 4-4 可以看出，考虑贴坡体干密度空间变异性时，对贴坡型挖填方高边坡失效概率的影响因素敏感性大小分别为：变异系数＞垂直相关距离＞水平相关距离；对贴坡型挖填方高边坡安全系数均值的影响因素敏感性大小分别为：垂直相关距离＞水平相关距离＞变异系数。

4.4 直剪试验误差分析及对边坡可靠性影响评价

测得真实的抗剪强度参数，在边坡稳定性分析、土体变形预测中起着十分重要的作用。测量土体的抗剪强度参数的室内试验有三轴试验和直剪试验。三轴试验能测得较真实的土体抗剪强度，但是需要较高试验技巧；直剪试验因其操作简单快捷，应用广泛，但由于剪切面应力分布不均匀等原因，导致试验值较真实土体抗剪强度有一定差别。

抗剪强度参数受多种因素影响。张连杰等通过试验得出了膨胀土地区抗剪强度与含水量及上覆压力的拟合关系。申春妮等研究表明非饱和 Q_2 黄土的黏聚力随吸力线性增加，内摩擦角随吸力变化较小。许健等发现重塑黄土黏聚力随冻融周期、含水率及干密度变化明显，而内摩擦角无明显规律。然而，通过直剪试验研究抗剪强度参数，会因为试验过程不足产生相应的误差。肖景华等根据垂直压应力与减损应力测量的不确定度的大小，给出了抗剪强度曲线拟合的方法。徐志伟、刘海波等考虑到试验过程剪切面积减小的现象，提出了面积修正公式对试验数据进行改进。余凯等通过理论推导认为剪切过程中有效剪切面上的正应力在逐渐减小，并给出了正应力修正方法。然而，在实际试验过程中，单次试验不能避免制样、剪切过程中的偶然性误差，且强度参数为确定值，难以描述土性参数的空间变异性。因此有必要从试验本身的误差出发，建立表征真实抗剪强度参数的方法。

本书以延安 Q_3 重塑黄土为研究对象，进行室内快剪试验，分析了两种制样方式对数据离散性的影响，并对剪切过程误差进行修正，使用再现性方法描述土性参数空间变异性，进而分析不同制样方式对边坡可靠性的影响。研究可为提高直剪试验准确性及对边坡可靠性评价提供一定的参考意义。

4.4.1 误差来源及处理方法

造成直剪试验数据离散性大的本质是土性参数的不确定性（或变异性）。一方面是土的固有变异性。对土体本身来说，由于其不同位置的形成过程及方式不同，导致土性参数在空间位置上往往不同。二是系统的不确定性。由于制样偏差，试验误差等而使试验结果与实际土性不完全一致而引起的。

4.4.2 制样误差分析

对于系统的不确定性，制样方式是造成数据离散性大的主要原因，因此选择合理的制样方式是关键。《土工试验方法标准》GB/T 50123—2019 中重塑土样的制备方法有两种：击实法和压样法。以干密度 $1.65g/cm^3$ 试样为例，通过击实法与压样法制取含水率为 6%，10%，14%，18%的试样进行直剪试验，拟合的剪应力与含水率关系曲线如图 4-12 所示。

已有研究表明，垂直压力不变时，随着含水率的增加，抗剪强度会降低。从图 4-12（a）可知，通过击实法制样，各级压力下抗剪强度并不完全随着含水率的增加而降低，导致不同含水率抗剪强度拟合曲线出现交叉。图 4-12（b）中，通过压样法制样，抗剪强度随着含水率的增加出现较好的规律性，四条拟合曲线没有出现交叉现象，并且其拟合度在一定程度上也高于击实法制样。

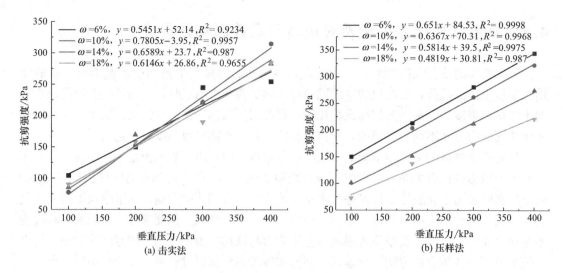

图 4-12　不同制样方式抗剪强度与含水率拟合曲线

通过图 4-12 中的拟合曲线，求得内摩擦角和黏聚力与含水率关系曲线如图 4-13 所示。击实法制样时，含水率为 6% 的试样的内摩擦角小于 10% 的，并且黏聚力还出现负值，这与实际情况不符，而通过压样法制样，内摩擦角与黏聚力都符合正常情况，与吴凯的研究结果具有一致性。说明通过压样法制备重塑土直剪试验试样更容易获得准确有用的结果。

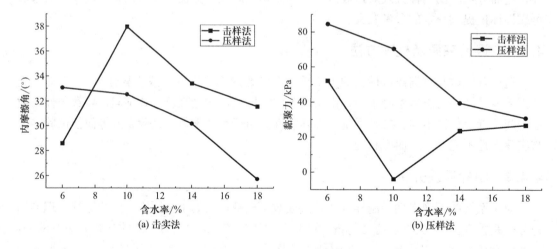

图 4-13　含水率与黏聚力曲线

分析两者产生差异的原因：击实法是称量好所需用土，放入装有环刀的模具内进行分层击实，在一层击实过程中，该层土样各个部分承受的击实能可能不相同，在分层击实过程中，每层土样所承受的击实能又有一定差别，这导致每层土样的可能达不到设计的干密度。使用压样法制样，是将所需土量加入放有环刀的压样器内，以静压力将土样压紧到所需密度，土样各部分承受的压实能一样，试样能达到较为均匀的干密度，最大程度保证了试验试样的一致性。选择压样法制样能获得更好的试验效果。

4.4.3　试验误差及修正

再使用击实法和压样法分别制作了干密度为 $1.50g/cm^3$、$1.55/cm^3$、$1.60g/cm^3$、$1.65g/cm^3$、$1.70g/cm^3$、$1.75g/cm^3$，含水率为 6%、10%、14%、18%，共计 24 种不同干密度不同含水率的试验样品，每组试验制备四个剪切试样，分别在 100kPa、200kPa、300kPa、400kPa 的垂直压力下进行直剪试验。各干密度下，4 级压力中抗剪强度不符合随含水率增加而降低的变化规律的次数见表 4-5。

抗剪强度无规律次数统计　表 4-5

	干密度/$(g \cdot cm^{-3})$						不符合次数占比
	1.5	1.55	1.6	1.65	1.7	1.75	
击实法	2	3	2	3	2	1	54.17%
压样法	0	1	0	0	1	0	8.33%

由表 4-5 可知，击实法所得试验数据有高达 54.17% 不符合抗剪强度随含水率增加而降低的变化规律，数据离散性更大，并且压样法也有 8.33% 试验结果也出现了如图 4-12(a) 所示不符合规律的现象，分析产生此现象的原因是土体的固有变异性导致。尽管压样法能够很大程度上获得更均匀的试样，但是在大量试验的情况下，试样本身变异性累积还是会引起实验数据离散性增加。

对于土的固有变异性，必须对实际土性参数进行统计分析才行。一方面，分析试验过程，随着剪切位移的增加，受剪的有效面积实际是在减小，其上的垂直应力也在一直在变化，如图 4-14 所示。在实际计算过程中，是把剪切面积和垂直应力看作是不变的，这就导致试验数据不是土体真实的抗剪强度，所以需要进行修正。另一方面，相对来说每个土样都是不相同的，进行某个含水率及干密度下的一次试验，从而确定其抗剪强度具有很大的不确定性，偶然性误差影响很大，所以有必要进行多次试验来获取具代表性的抗剪强度参数值。

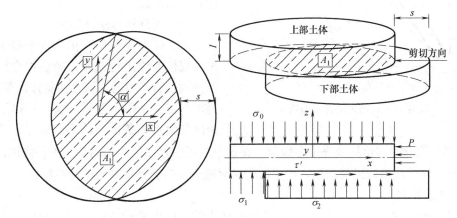

图 4-14　剪切过程受力示意图

(1) 抗剪强度及正应力修正

现有研究中，徐志伟等都得出了式（4-6）基于面积的抗剪强度修正公式。随着剪切过程的进行，有效面积在减小，抗剪强度相比于修正前的在增大。

$$\tau' = \frac{\tau A_0}{A_1} = \frac{CRA_0}{A_1} = CR\beta \qquad (4-6)$$

$$\beta = \frac{A_0}{A_1} = \frac{\pi}{2\arccos\dfrac{s}{2r} - \sin\left(2\arccos\dfrac{s}{2r}\right)} \qquad (4-7)$$

式中：τ 为试样所受剪切应力/kPa；A_0 是初始剪切面积/mm^3；A_1 是有效剪切面积/mm^3；C 为测力计系数/[kPa/(0.01mm)]；R 为测力计量表读数/(0.01mm)；β 称为面积修正系数；r 为试样半径/mm；s 为剪切位移/mm。

对于正应力的修正，徐志伟与余凯等看法不同。前者认为正应力同有效面积一样，修正系数也为 β。后者通过力矩平衡分析，得出了式（4-8）正应力修正公式。笔者认为这样考虑正应力修正是比较合理的。因此，在试验结束后，应使用式（4-8）、式（4-9）分别进行抗剪强度和正应力修正，才能得到土体真实的抗剪强度参数。

$$\sigma' = \sigma_0 + \frac{CRI}{s}\left(1 - \frac{A_0}{A_1}\right) = \sigma_0 + CR\beta_0 \qquad (4-8)$$

$$\beta_0 = \frac{I}{s}\left(1 - \frac{A_0}{A_1}\right) = \frac{I}{s}(1 - \beta) \qquad (4-9)$$

式中：σ_0 是初始正应力/kPa；I 是剪切盒上部试样高度，一般为10mm；β_0 称为正应力修正系数。

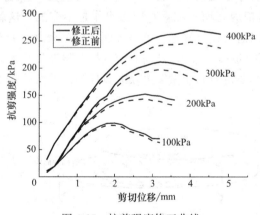

图 4-15　抗剪强度修正曲线

因此，在试验结束后，应使用上述公式分别进行抗剪强度和正应力修正，才能得到土体真实的抗剪强度参数。图4-15为一次试验中修正前后的抗剪强度与剪切位移关系曲线，可以看出抗剪强度修正后均比修正前要高。

（2）再现性方法结果修正

单次试验受偶然性因素影响很大，通过再现性方法进行试验，最后拟合抗剪强度参数是有必要的。该方法具体思路如下：再现性方法，即重复做试验，获得不同干密度和含水率条件下的多组数据，通过排列组合经拟合获得多组抗剪强度参数值。在这个过程中，使用上节的公式进行修正，并采用 Grubbs 检验法检验可疑数据，确保所得结果能表征抗剪强度参数的随机特性。

1）试验结果

以干密度 1.65g/cm^3、含水率14%的试样为例，使用两种方法制样，分别在四级垂直压力下进行剪切，每种垂直压力下重复七次试验，对应变硬化试样取剪切位移为4mm时的剪应力，对应变软化试样取峰值点时的剪应力。使用公式修正后抗剪强度试验值如表4-6、表4-7所示（从小到大排列）。

击实法抗剪强度试验值				表 4-6
垂直压力/kPa	100	200	300	400
抗剪强度 /kPa	53.01	112.93	191.22	245.29
	81.17	137.95	205.84	251.04
	82.83	140.5	209.91	252.75
	91.11	141.28	211.76	257.86
	98.61	154.39	216.68	262.99
	99.01	157.43	216.88	266.62
	106.65	164.14	221.03	268.77

压样法抗剪强度试验值				表 4-7
垂直压力/kPa	100	200	300	400
抗剪强度/kPa	69.22	146.78	208.22	239.58
	85.33	147.95	211.46	253.14
	90.26	152.60	212.40	256.00
	91.04	156.94	212.58	260.02
	98.89	163.62	214.29	262.92
	103.39	163.84	221.15	266.38
	105.64	165.31	222.14	270.36

2) 数据检验

一组测量数据中，如果个别数据偏离平均值很远，那么称这个数据为"可疑值"。用 Grubbs 法判断，能将"可疑值"从测量数据中剔除。其检验步骤为：

① 计算平均值 μ 和标准差 σ。

② 确定可疑值。寻找与平均值差值绝对值最大的数，列为可疑值。

③ 计算"可疑值"的 G 值，公式如下：

$$G=(x_i-\mu)/\sigma \tag{4-10}$$

④ 确定检测水平 α，则置信概率 $p=1-\alpha$（α 越小越严格）。根据 p 值和重复次数 n 查 Grubbs 表得到临界值 $G(n)$。

⑤ 比较 G 和临界值 $G(n)$，如果 $G>G(n)$，则判定为异常值，直接剔除。

⑥ 在一个可疑值剔除后，重复①~⑤直至无剔除值。

经过检验，击实法下 100kPa、200kPa、300kPa 每组数据中最小值为异常值，400kPa 下无异常值；压样法下 100kPa 和 400kPa 垂直压力数据最小值为异常值，200kPa 和 300kPa 垂直压力下数据无异常值。

3) 结果分析

将击实法与压样法实验数据检验前后的剪应力变异系数进行对比，如图 4-16 所示。进行可疑值检验后，两种制样方法下的抗剪强度变异系数都变小，说明使用 Grubbs 检验法是有效的。同时压样法制样检验前后的剪应力变异系数基本比击实法制样的情况下要小，进一步说明压样法在一定程度上比击实法能获得更加均匀的试样。

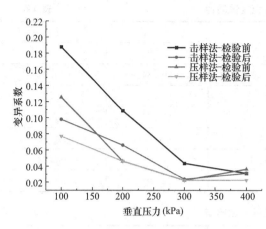

图 4-16　抗剪强度修正曲线

4）拟合求参

对检验后的数据进行排列组合，使用 Python 脚本应用最小二乘法拟合曲线，击实法共求得 1512 组 c、φ 值，压样法求得 1764 组 c、φ 值。c 和 φ 的直方图及概率密度函数拟合曲线图如图 4-17、图 4-18 所示。使用再现性方法，抗剪强度参数不再是单一的值，在一定干密度和含水率条件下，经过数据拟合，其是满足正态分布的一组统计数据，这不仅能考虑到制样及试验过程中各种误差的影响，也能体现出土体固有的空间变异性，能更好地应用于工程可靠性分析。

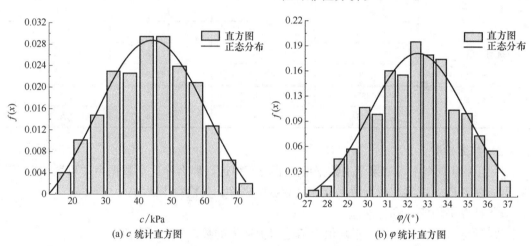

(a) c 统计直方图　　　　　　(b) φ 统计直方图

图 4-17　击实法 c、φ 的统计直方图

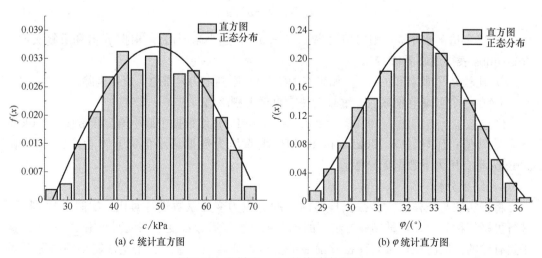

(a) c 统计直方图　　　　　　(b) φ 统计直方图

图 4-18　压样法 c、φ 的统计直方图

4.5 算例分析

在岩土工程领域，边坡稳定性可靠性分析是研究的热点问题。Tozato 等基于三维极限平衡法提出了一种大范围暴雨诱发边坡失稳风险评估方法。林毅斌基于强度折减法建立三维有限元模型，分析了高寒高海拔地区露天矿边坡稳定性。Wu 等采用一种先进的一阶二阶矩法结合极限平衡法进行考虑抗剪强度参数交叉相关随机场的高效边坡可靠度分析。Yuan 等提出了基于二维随机场在曲线上局部平均化的简便边坡可靠度分析方法。以上研究的岩土体参数均是基于实际工程取样试验获得，或是假定参数。本节将在误差修正的基础上，考虑不同制样方法导致的抗剪强度参数变异性对边坡可靠性的影响进行分析。

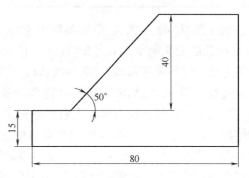

图 4-19 边坡模型

4.5.1 边坡稳定性分析

本节将强度折减法应用于 ABAQUS，使用一均质土坡算例进行稳定性分析。边坡高 40m，坡度为 50°，具体边坡模型如图 4-19 所示。c、φ 分别取击实法和压样法下统计数据的平均值，具体计算参数如表 4-8 所示。

边坡土体计算参数   表 4-8

	c/kPa	φ/(°)	γ/(kN·m^{-3})	E/MPa	μ
击实法	44.11	32.49	30	100	0.35
压样法	49.05	32.38			

使用 ABAQUS 建立有限元模型，单元类型为 CPE4，共划分了 1553 个节点和 1449 个单元，土体采用理想弹塑性本构模型和 Mohr-Coulomb 屈服准则；边界条件设置为底部固定约束，左右两侧限制水平位移；模型施加自重荷载。强度折减系数的变化范围为 0～2，以数值计算不收敛作为边坡失稳判据。通过计算，使用击实法制样，当安全系数 $F_S=1.026$ 时，数值计算不收敛，使用压样法制样，当 $F_S=1.032$ 时，数值计算不收敛。由于两种制样方式下抗剪强度参数均值接近，稳定性分析结果相差不大。在不考虑土性参数的空间变异性时，两种制样方式下此边坡均处于稳定状态。

4.5.2 边坡可靠性分析

岩土工程常用的可靠性分析法有可靠度指标法、概率矩点估计法和随机有限元法等。随机有限元法是在传统有限元方法的基础之上发展起来的随机的数值分析方法，是一种直观、精确、对非线性问题最有效的统计计算方法。因此本书选用随机有限元法进行边坡可靠性分析。

随机有限元分析：

分析模型选用稳定性分析模型，不考虑黏聚力和内摩擦角之间的相关性。由上节可知，两种制样方法下黏聚力和内摩擦角都服从正态分布，通过 K-L 级数展开法模拟为两个不相关二维高斯随机场（表 4-9）。

随机场参数取值　　　　　　　　　表 4-9

制样方式	强度参数	均值	标准差	l_h/m	l_v/m
击实法	c	44.11kPa	12.3	40	4
	φ	32.49°	1.93		
压样法	c	49.05kPa	9.66		
	φ	32.38°	1.58		

图 4-20 为考虑内摩擦角和黏聚力空间变异性时，两种制样方式下边坡失效概率随 MCS 次数的变化规律。本次 MCS 次数取 3000，可见，考虑抗剪强度参数空间变异性时，边坡存在一定的破坏可能，MCS 次数较少时，失效概率波动较大，随着 MCS 次数的增加，边坡失效概率总体呈减小的趋势，最后趋于稳定。击实法下失效概率稳定值在64.5% 左右，压样法比击实法失效概率稳定值小，在 3.5% 左右。再现性方法下 c、φ 的均值接近，由于击实法制样均匀程度不如压样法，导致标准差相差较大，数据的离散性大，在边坡可靠性分析过程中，得出较高的失效概率，说明制样方式引起的不确定性对边坡可靠性评价有很大影响，建议选择压样法作为制样方法。

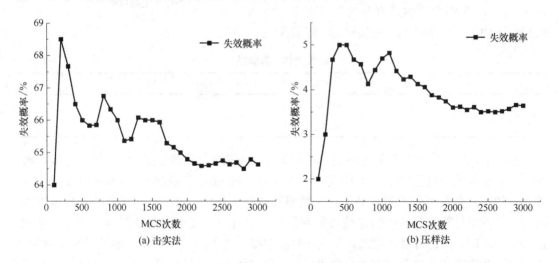

(a) 击实法　　　　　　　　　　　(b) 压样法

图 4-20　失效概率随 MCS 次数的变化规律

4.6　本章小结

本章进行了压实黄土基本物理力学试验，并进行了干密度空间变异性对贴坡型挖填方高边坡可靠性的敏感性分析。其次，通过分析直剪试验误差，对比了两种制样方式对边坡稳定性可靠性的影响，得到了以下结论：

（1）基本物理试验

压实黄土相对密度为 2.7，塑限为 18.4%，液限为 29.7。通过对七种含水量下的试样进行轻型击实试验，得到压实黄土的最优含水量为 13.45%，最大干密度为 1.758g/cm³。

（2）考虑干密度空间变异性的边坡可靠性分析

1）黏聚力与内摩擦角均随着干密度的增大而增大。前者与干密度呈指数关系，后者与干密度呈线性关系。

2）干密度变异系数、水平相关距离和垂直相关距离都会对贴坡型挖填方高边坡失效概率产生影响。失效概率随着变异系数和垂直相关距离的增大而增大，随着水平相关距离的增大为先增大后减小。

3）干密度变异系数、水平相关距离和垂直相关距离都会对贴坡型挖填方高边坡安全系数均值产生影响。安全系数均值随着变异系数和垂直相关距离的增大而减小，随着水平相关距离的增大为先减小后增大。

4）对贴坡型挖填方高边坡失效概率影响最大的因素为变异系数，影响最小的因素为水平相关距离。对贴坡型挖填方高边坡安全系数均值影响最大的因素为垂直相关距离，影响最小的因素为变异系数。

（3）直剪试验误差分析及对边坡可靠性影响

1）使用静力压样法比人工击实法制样能够获得更为均匀的试样，得到更为符合一般规律的抗剪强度值，从而降低直剪试验数据离散性，获得更加可靠的强度参数值，建议使用压样法进行制样。

2）使用再现性方法，并进行抗剪强度修正，以及使用 Grubbs 检验法对数据异常值进行检验，能进一步降低试验数据的离散性，在一定干密度和含水率下，c、φ 值是满足正态分布的一组统计数据，更能体现土性参数的随机特性。

3）两种制样方法在边坡稳定性分析中安全系数接近；由于击实法制样的数据离散性较压样法更大，在可靠性分析中产生较高的失效概率，两种方法计算结果差异显著。

第5章 黄土一维固结蠕变试验及模型研究

土的本构关系是描述土体力学性质和变形行为的重要基础。通常使用数学关系式来反映土体在应力和时间作用下的变形规律。对于蠕变本构模型，实际中被广泛应用的是由经典元件构成的元件模型，以及根据蠕变试验曲线拟合的经验模型。本节将从黄土的一维固结蠕变试验出发，建立一种合适的蠕变模型，并通过二次开发，实现其在 ABAQUS 软件中的应用。

5.1 黄土一维固结蠕变试验

5.1.1 试验方案

压实黄土填方体施工期变形本质是固结，完工后很长一段时间内的变形本质是蠕变，分析其固结蠕变特性是变形预测的基本前提。贴坡型挖填方高边坡由原始边坡和贴坡体组成，原始边坡是自然形成，经过长时间固结变形已经很小。相对于原始边坡，贴坡体经人工填筑而成，受施工工艺影响，填土的干密度均匀程度对其变形影响很大。其次，单次试验无法排除偶然性误差影响。因此，可使用再现性方法进行试验，即重复性试验。本书压实黄土轻型击实试验下最大干密度为 $1.785g/cm^3$，最优含水率为 13.45%，以此进行方案设计。具体试验方案为：配制干密度分别为 $1.53g/cm^3$、$1.60g/cm^3$、$1.68g/cm^3$、$1.75g/cm^3$（相应压实度为 0.86、0.90、0.94、0.98）压实黄土试样，每种干密度按最优含水率配制 9 个试样。而原状土试样制取五个并配制为最优含水率。

5.1.2 制样及装样方法

5.1.2.1 试样制备

重塑土试样制备过程为：

1）取土样，过 2mm 筛后使用烘箱烘干，装箱留作备用。

2）称量所需用土，配制相应试验土样，密封后静置 24h。

3）称量好湿土，使用自制静力压实装置将土样均匀压入环刀，如图 5-1 所示。圆柱形环刀尺寸底面直径为 79.8mm，高 20mm。制备好的土样如图 5-2 所示。

图 5-1　土样压实装置

图 5-2　制备好的试样

原状土易受扰动，试样制取较为困难和复杂，经过不断尝试，本书按以下方法进行原状土样的制备：

1）先将大立方体土块用手锯锯成比环刀厚约 1cm 的薄土块。

2）再将薄土块用切土刀切成比环刀宽约 1cm 的小土块。

3）给环刀内壁涂层凡士林，并将刃口向下放置于小土块中间位置。

4）使用刮土刀将外围多余土块呈上窄下宽的锥形刮离，边刮边将环刀往下轻按，并要确保在此过程中环刀不与土块中心位置偏离。

5）至环刀位于小土块竖向中心位置处停止刮土，拿起环刀，使用刮土刀将环刀两边余土轻轻刮掉，修平土面。

6）擦净环刀外壁，称总质量。

7）测定削下土样的含水率，对不符合最优含水率的试样进行相应增湿和减湿操作，完成后放于保湿器内等待试验。

5.1.2.2　试样装样

试验采用 WG 型单杠杆固结仪，试验仪器如图 5-3 所示。装样时，先将透水石和滤纸浸湿，然后在固结容器中按透水石→滤纸→环刀试样→滤纸→透水石的顺序装好试样，再将固结容器安装在加压架上。为避免试验过程中水分蒸发，可事先用保鲜膜将环刀试样包裹后放入固结容器。

5.1.3　试验加载及读数方法

5.1.3.1　试验加载方法

一维固结蠕变试验的加荷方式有分别加载和分级加载两种。分别加载是一个试样从始至终只施加一级压力，每级压力分别在不同试样上施加。分级加载就是在一个试样上依次加载，待试样变形稳定时，再加下一级荷载。两种方式的应力-应变历时曲线示意图如图 5-4 所示。

图 5-3　WG 型单杠杆固结仪

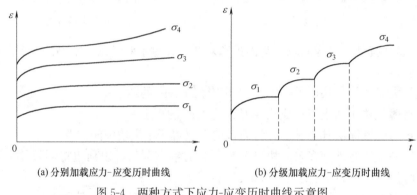

(a) 分别加载应力-应变历时曲线　　　　　(b) 分级加载应力-应变历时曲线

图 5-4　两种方式下应力-应变历时曲线示意图

对比两种加载方式：分别加载是较为符合土样蠕变变形规律的加载方式，无需考虑加载时上一级荷载对下一级变形的影响，但其首先要保证土样是完全相同的若干土样，其次在完全相同的仪器和试验条件下进行试验，这是很难做到的。而分级加载的方法，可操作性强，并且获得的数据离散性弱，只需选择合理的数据处理方法即可将分级加载的曲线转化为分别加载曲线。考虑到重塑土试验数量较大，历时较长，试验仪器数量有限，因此选择分级加载的方式进行试验，对原状土采用分别加载的方式进行试验。

5.1.3.2　试验读数方法

试验加载的固结压力等级为 100kPa、200kPa、400kPa、800kPa、1600kPa，采用数显千分表记录变形量，使用秒表进行时间记录。某级荷载加上后，按下列时间顺序记录百分表的读数：0s、6s、15s、30s、1min、2min、5min、10min、15min、30min、45min、1h、2h、5h、7h、10h、12h、24h。24h 后每隔 12h 记录一次数据，以每级固结压力下土样固结 48h 内的变形量不大于 0.005mm 作为试验稳定的标准。

5.1.4　试验数据处理方案

采用分级加载的方式，需要将数据处理后才能将分级加载蠕变曲线转化成不同加载的蠕变曲线表示。目前试验曲线处理方法主要有两种：Boltzmann 线性叠加法和陈氏加载法。Boltzmann 线性叠加法处理就是将下一级荷载下的应变时间曲线直接进行线性的平移，获得该级荷载下的分别加载曲线。这种方法简单方便，但是不能考虑蠕变的非线性。由陈宗基教授提出的陈氏法，可以建立真实变形过程的叠加关系，对线性和非线性蠕变材料均可以适用。本书使用陈氏法进行数据处理，其处理过程如图 5-5 所示，具体操作步骤为：

（1）保持第 1 级荷载的应变时间曲线不变，将其应变时间曲线，按稳定蠕变时的变形规律随时间进行延长，将延长曲线应变与第二级荷载下的应变作差值；

（2）将上述的应变差值，按照相应时间与第 1 级荷载下的应变值进行叠加，即为第 2 级荷载下的分别加载应变时间曲线；

（3）依次类推，分别求得各级荷载加载时的应变时间曲线。

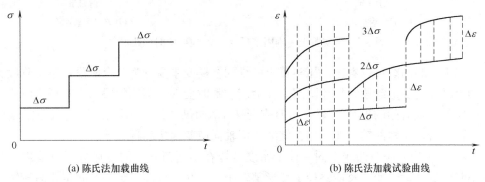

(a) 陈氏法加载曲线　　　　　　　　　　　(b) 陈氏法加载试验曲线

图 5-5　陈氏法曲线处理方式

5.1.5　压实黄土试验结果及分析

5.1.5.1　压实黄土一维固结蠕变的应力-应变历时曲线

按照试验方案，对四种不同干密度（1.53g/cm³、1.60g/cm³、1.68g/cm³、1.75g/cm³）的压实黄土进行了一维固结蠕变试验，经过处理得到试样的应力-应变历时曲线如图 5-6 所示。

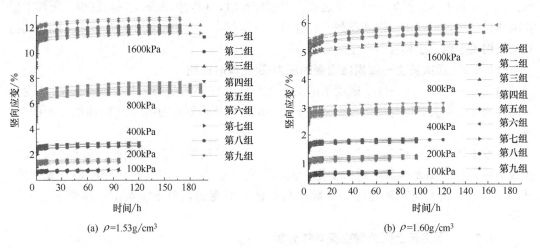

(a) $\rho=1.53$g/cm³　　　　　　　　　　　(b) $\rho=1.60$g/cm³

图 5-6　压实黄土一维固结蠕变应力-应变历时曲线（一）

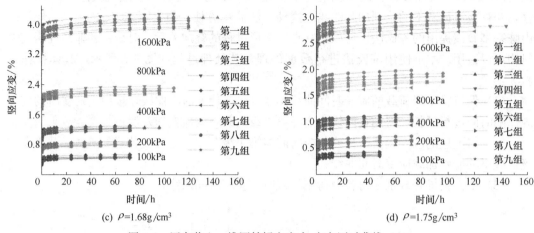

(c) ρ=1.68g/cm³   (d) ρ=1.75g/cm³

图 5-6　压实黄土一维固结蠕变应力-应变历时曲线（二）

从以上试验曲线可以看出，压实黄土一维固结蠕变主要分为三个阶段：第一阶段为荷载刚加上时瞬时变形阶段，加荷瞬间土样会产生瞬时变形；第二阶段为衰减蠕变阶段，土样的轴向变形随时间的推移逐渐增加但应变速率却不断减小；第三阶段进入稳定蠕变阶段，在这个阶段土样的轴向变形仍在继续，但轴向应变速率趋近于零。

观察应力-应变历时曲线中同一种干密度试样在不同荷载下的变形量可以发现，当荷载较小时，试样瞬时变形及最终稳定变形都较小，其蠕变变形稳定的时间也相对较短，当荷载增大时，试样瞬时变形及最终稳定变形都增大，其蠕变变形稳定的时间也相对增大。说明竖向荷载对压实黄土蠕变变形影响较大，竖向荷载增大，蠕变效应越明显。

观察应力-应变历时曲线中不同干密度试样在相同荷载下的变形量可以发现，当干密度较小时，试样瞬时变形及最终稳定变形都较小，其蠕变变形稳定的时间也相对较短，当干密度较大时，试样瞬时变形及最终稳定变形都较大，其蠕变变形稳定的时间也相对增大。这是由于在干密度较大时，相同体积下土颗粒之间更密实，即土样中的孔隙体积越小，能被压缩空间就越小，并且干密度越大，土中水就相对越少，土颗粒间的胶结作用就越强，土样就更不易产生变形。反之在干密度较小时，相同体积下土颗粒越少，土样中的孔隙体积越小，可被压缩空间就越大，并且干密度越小，土中水就相对越多，土颗粒间的胶结作用就越弱，土样容易产生变形。

5.1.5.2　压实黄土一维固结蠕变的应力-应变等时曲线

由图 5-6 可知，同一种干密度下的九组试样，其变形的趋势一样，其对应力-应变等时曲线的影响不大，因此以四种干密度下第一组试验值绘制应力-应变等时曲线，如图 5-7 所示。

观察上图可知，对于不同干密度的土样，不同时刻的应力-应变曲线近似为一簇折线或曲线，没有出现明显不同的变化，说明压实黄土的一维固结蠕变变形是非线性的，并且同一土样在不同时刻的压缩模量是基本稳定不变的，即压实黄土一维蠕变逐渐趋于稳定。

5.1.5.3　压实黄土固结蠕变变异性分析

压实黄土试验土样的自身的变异性以及试验过程的偶然性，表现在变形上，则为无论

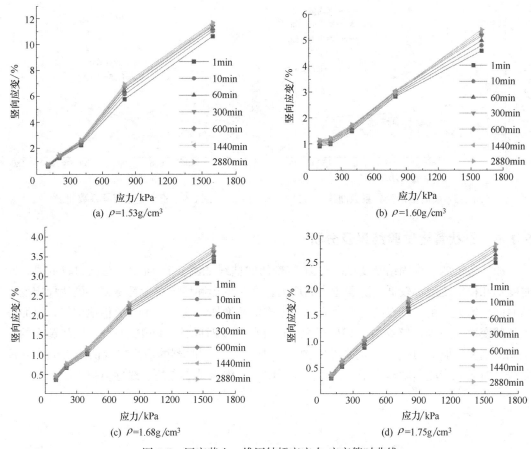

图 5-7　压实黄土一维固结蠕变应力-应变等时曲线

是瞬时变形，还是最终稳定蠕变变形都出现一定的差异性。试验中，最终稳定蠕变变形是在瞬时变形的基础上发展起来的，因此在分析其变形变异性时应该将瞬时变形剥离。

（1）瞬时变形变异性分析

图 5-8 为压实黄土试样的瞬时变形变异系数曲线。瞬时变形的变异系数在 $1.95\%\sim$ 10.13% 之间。相同压力下，干密度为 $1.75\text{g}/\text{cm}^3$ 的试样相对来说变异系数最大，相同干密度下，100kPa 和 200kPa 下的试样变异系数较大。原因在干密度较大，垂直压力较小时，试样变形均值较小，但当干密度或垂直压力变化时，变形均值的增加幅度远大于标准差的增加幅度，这使得低变形均值下的变异系数相对较大。可见，土样的自身的变异性以及试验过程的偶然性在干密度较大，垂直压力较小时导致瞬时变形变异性更大。观察不同压力下的变异系数平均值，总体趋势是逐渐减小的。

（2）稳定变形变异性分析

图 5-9 为压实黄土试样的最终稳定变形变异系数曲线。稳定变形的变异系数在 $3.02\%\sim$ 14.52% 范围内，总体比瞬时变形变异系数较大。在垂直压力为 100kPa 时，四种干密度下的变异系数较为接近，在其他四种垂直压力下，不同干密度下的变异系数差异较大。观察四种干密度下及平均值的变异系数曲线，总体来说，100kPa 和 1600kPa 垂直压力的变异系数较大，中间三级垂直压力下的变异系数较小，呈现向下"凹陷"的曲线状。

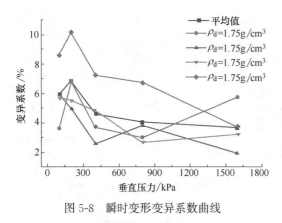

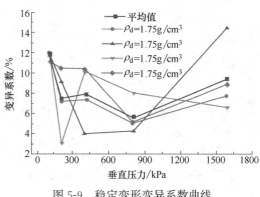

图 5-8　瞬时变形变异系数曲线　　　　图 5-9　稳定变形变异系数曲线

5.1.6　原状黄土试验结果及分析

原状黄土的一维固结蠕变试验应力-应变历时曲线如图 5-10 所示，在压力较低时，瞬时变形和稳定变形都较低，随着压力的增大，瞬时变形和稳定变形都增大，到达稳定变形的时间也增大。由于环刀的约束效应，压力成倍地增加，变形并不会成倍地增加，反而其增加的变形会减少，导致 1600kPa 压力下试样的蠕变时间比 800kPa 的小。原状黄土的一维固结蠕变试验应力-应变等时曲线如图 5-11 所示，不同时刻的应力应变曲线近似为一簇曲线，曲线的弯曲程度略高于压实黄土，说明其一维固结蠕变的非线性更强。

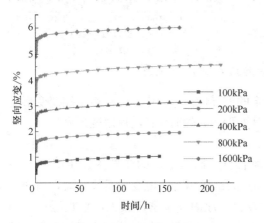

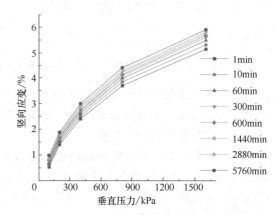

图 5-10　原状黄土一维固结蠕变试验应力-应变　　图 5-11　原状黄土一维固结蠕变试验应力-应变
　　　　　　历时曲线　　　　　　　　　　　　　　　　等时曲线

5.2　改进一维固结蠕变模型

5.2.1　四参数蠕变模型

元件模型概念明确、原理清晰，但描述非线性衰减蠕变有一定局限。相对于元件模型，经验蠕变模型一般对蠕变试验曲线能较好拟合，但缺乏具体理论支撑，物理意义往往不明确，并且通常仅适用于某些地区或土质的情况，通用性不强。因此，很多学者常用元件模型来描述土体蠕变的线性变形，用经验公式来描述土体蠕变的非线性变形，以此来建立具有半理论半经验的蠕变本构模型。

蠕变模型的应力应变关系可归纳为：

$$\varepsilon(t) = \sigma_0 \cdot J(t) = \sigma_0 / E(t) \tag{5-1}$$

式中：σ_0 为施加的恒定应力；$J(t)$ 称为蠕变柔量，$E(t)$ 为 t 时刻对应蠕变柔量的倒数。

纵观黄土一维固结蠕变试验，在施加垂直压力的瞬间，会产生瞬时变形，将此时的蠕变柔量记为 $J_0(0)$，其倒数记为 $E_0(0)$，将瞬时变形后的某个时刻蠕变柔量记为 $J(t)$，其倒数记为 $E(t)$。在垂直压力不变的情况下，由瞬时变形向非线性变形增加的过程，其实就是蠕变柔量 $J_0(t)$ 向 $J(t)$ 非线性增加的过程，亦是 $E_0(0)$ 向 $E(t)$ 非线性减小的过程。令：

$$E(t) = E_0(0) - \Delta E(t) \tag{5-2}$$

式中：$E_0(0)$ 为定值，设值为 E_0；$\Delta E(t)$ 为瞬时变形到非线性变形期间 $E(t)$ 的减小值。当 $E(t)$ 非线性减小时，本质上为 $\Delta E(t)$ 的非线性增加。由于 σ_0 为定值，当一维固结蠕变试验进行到某个时刻，在侧向约束作用下，其变形值最终趋向于定值，即 $\Delta E(t)$ 趋向于定值，因此可以假定在 t 到达某时刻时，$\Delta E(t)$ 最终值为 E_1。

对于瞬时变形时的 $E_0(0)$，可以用一个弹簧元件来表示，对于非线性增加的 $\Delta E(t)$，则用一个经验公式来表示。Harris 函数能通过控制两个参数的变化实现不同程度的衰减形式，其表达式为：

$$P(x) = \frac{1}{1 + mx^n} \tag{5-3}$$

式中：x 为函数自变量，m 和 n 均为大于零的常数。

定义函数：

$$Q(x) = 1 - P(x) = 1 - \frac{1}{1 + mx^n} \tag{5-4}$$

$P(x)$ 为连续减函数。则 $Q(x)$ 为连续增函数。

假设 $\Delta E(t)$ 的非线性增加规律满足：

$$\Delta E(t) = E_1 \cdot Q(x) = E_1 \cdot \left(1 - \frac{1}{1 + mt^n}\right) \tag{5-5}$$

式中：t 为时间。当 $t \to 0$ 时，$\Delta E(t) \to 0$；当 $t \to \infty$ 时，$\Delta E(t) \to E_1$。

在恒定应力 σ_0 作用下，相应黄土的一维固结蠕变模型的蠕变方程为：

$$\varepsilon(t) = \sigma_0 / \left[E_0 - E_1\left(1 - \frac{1}{1 + mt^n}\right)\right] = \frac{1 + mt^n}{E_0 + m(E_0 - E_1)t^n}\sigma_0 \tag{5-6}$$

即

$$J(t) = \frac{1}{E(t)} = \frac{1 + mt^n}{E_0 + m(E_0 - E_1)t^n} \tag{5-7}$$

5.2.2　蠕变模型适用性分析

由于经验模型只能应用于某个地区或者某类土中，本节以元件模型来对比验证本书蠕变模型的适用性。表 3-1 所示五类元件模型中，Merchant 模型和 Burgers 模型均包含 Maxwell 模型或 Kelvin 模型中的一个或两个，故 Merchant 模型和 Burgers 模型黄土一维固结蠕变过程的描述要优于 Maxwell 模型 Kelvin 模型。一维固结蠕变不存在屈服应力，故不用 Binghan 模型。因此，选择 Merchant 模型和 Burgers 模型与本书的改进模型作对比分析。

Origin 是一款数据处理的多功能软件，其内置的 Levenberg-Marquardt 优化算法同时具有梯度法和牛顿法的优点，自定义三种蠕变模型函数，对五级压力下四种干密度的第一组数据进行拟合，拟合对比如图 5-12 所示。三种蠕变模型的拟合度相关系数对比如图 5-13 所示。

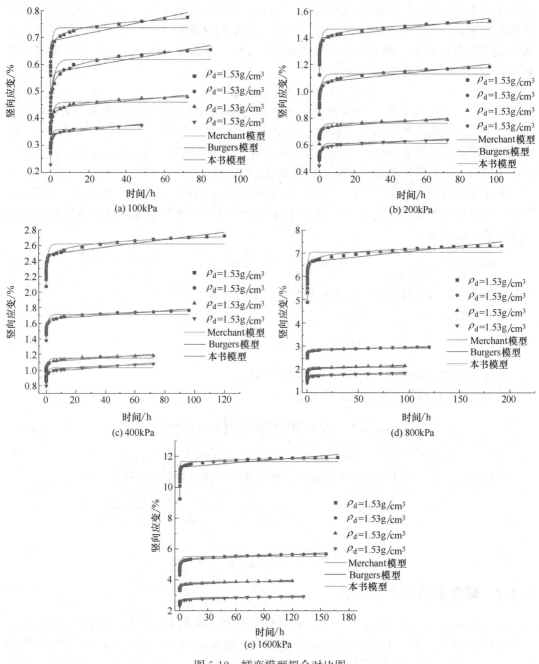

图 5-12 蠕变模型拟合对比图

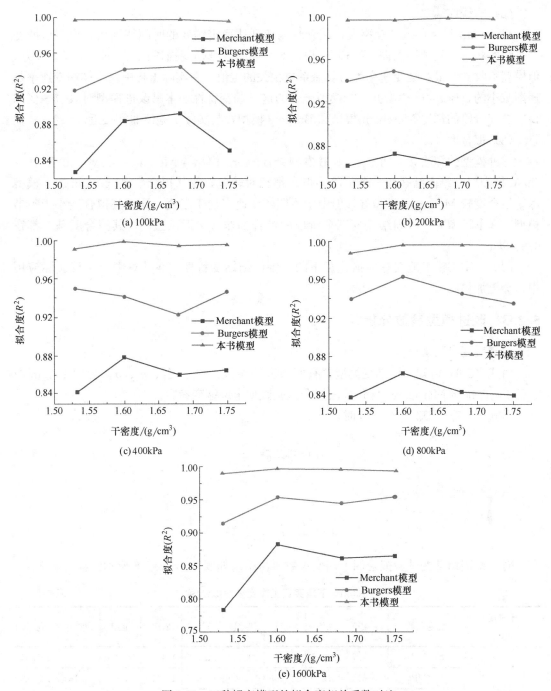

图 5-13　三种蠕变模型的拟合度相关系数对比

从图 5-12、图 5-13 可知，本书提出的黄土一维固结蠕变模型具有以下优点：

（1）瞬时变形

瞬时变形产生于加载的瞬间，由于三个模型均存在一个弹性元件，都能描述瞬时变形，但从拟合情况来看，本书模型对瞬时变形的拟合值非常接近，而 Merchant 模型和 Burgers 模型的拟合值要高于实际试验的瞬时变形。

（2）非线性蠕变

Merchant 模型的衰减速率大，从衰减蠕变到达稳定蠕变的时间特别快，模型后期处于平缓的状态，收敛性太强。Burgers 模型对前期的衰减蠕变描述比 Merchant 模型要好，但模型不收敛，最终蠕变速率为与黏滞系数相关的定值。在实际工程中，土体蠕变速率是逐渐减小的，Burgers 模型并不能模拟土体的这一蠕变特性。本书改进模型对衰减蠕变和稳定蠕变阶段的都比 Merchant 模型和 Burgers 模型，与实际试验值非常接近。

（3）拟合度（R^2）

三种模型的拟合度大小为：本书模型＞Burgers 模型＞Merchant 模型。由于 Merchant 模型对一维固结蠕变三个阶段的拟合都相对较差，故其拟合度最低。Burgers 模型尽管拟合度较 Merchant 模型好，但由于后期蠕变速率趋于定值，导致其拟合度小于本书模型。本书模型对一维固结蠕变三个阶段的拟合都非常接近试验值，其拟合度基本都在 0.99 以上。

因此，本书模型能很好地描述黄土的一维固结蠕变特性，在计算中与工程实际应用中，会更加精确。

5.2.3 改进模型参数分析

（1）蠕变参数辨识

由式（5-6）可知，该蠕变模型共有四个未知参数：E_0、E_1、m、n。使用 Origin 内置的 Levenberg-Marquardt 优化算法拟合试验数据求取蠕变参数。

由式（5-7）可知，当 $t=0$ 时，

$$J(t)|_{t=0}=\frac{1}{E_0} \tag{5-8}$$

当 $t \to \infty$ 时，

$$J(t)|_{t \to 0}=\frac{1}{E_0-E_1} \tag{5-9}$$

对一维固结蠕变试验拟合四个蠕变参数所得结果如表 5-1～表 5-6 所示。

100kPa 下压实黄土蠕变参数拟合值 表 5-1

干密度 /(g/cm³)	蠕变参数	一组	二组	三组	四组	五组	六组	七组	八组	九组
1.53	E_0/MPa	20.257	22.127	21.548	20.943	21.796	19.721	20.970	20.468	20.933
	E_1/MPa	10.674	13.029	11.909	10.909	13.637	14.175	18.866	10.144	12.178
	m	1.007	0.717	0.866	1.187	0.589	0.585	0.334	1.256	0.761
	n	0.176	0.192	0.186	0.198	0.181	0.157	0.157	0.209	0.181
1.6	E_0/MPa	29.089	28.391	24.833	24.523	27.197	25.690	25.365	25.152	25.443
	E_1/MPa	18.003	15.631	12.147	12.299	13.388	13.016	12.285	11.284	12.173
	m	1.177	1.657	1.834	1.927	1.499	1.596	1.762	1.868	1.435
	n	0.234	0.290	0.287	0.279	0.282	0.250	0.250	0.198	0.184

干密度/(g/cm³)	蠕变参数	一组	二组	三组	四组	五组	六组	七组	八组	九组
1.68	E_0/MPa	31.650	33.293	34.059	34.420	30.775	33.751	34.439	37.842	34.603
	E_1/MPa	16.048	15.810	19.836	15.739	19.080	20.947	19.403	23.054	16.575
	m	0.831	1.126	0.635	1.067	0.890	0.735	0.889	0.907	0.959
	n	0.217	0.236	0.205	0.245	0.159	0.226	0.186	0.198	0.258
1.75	E_0/MPa	43.428	36.260	41.604	45.537	43.265	41.674	37.094	36.341	42.473
	E_1/MPa	22.607	14.205	19.437	21.698	19.696	18.009	18.055	16.620	20.573
	m	1.360	2.279	1.420	2.027	2.073	1.325	1.482	1.598	1.950
	n	0.193	0.278	0.201	0.241	0.266	0.220	0.240	0.243	0.235

200kPa下压实黄土蠕变参数拟合值 表5-2

干密度/(g·cm⁻³)	蠕变参数	一组	二组	三组	四组	五组	六组	七组	八组	九组
1.53	E_0/MPa	17.825	18.647	17.337	16.414	18.996	16.487	19.627	17.305	16.262
	E_1/MPa	7.869	11.943	6.637	5.821	13.405	8.095	19.511	6.702	5.971
	m	0.632	0.378	0.686	0.872	0.349	0.427	0.195	0.605	0.846
	n	0.179	0.143	0.178	0.234	0.133	0.172	0.128	0.205	0.198
1.6	E_0/MPa	24.227	22.140	22.507	20.965	22.751	22.379	22.255	23.566	24.721
	E_1/MPa	10.912	12.537	8.581	7.309	8.830	8.895	8.829	9.078	12.657
	m	0.746	0.440	0.874	0.863	0.770	0.621	0.777	0.838	0.496
	n	0.215	0.181	0.217	0.237	0.202	0.215	0.206	0.205	0.167
1.68	E_0/MPa	32.537	31.073	33.722	32.861	28.883	29.681	32.672	31.826	33.679
	E_1/MPa	25.089	12.957	18.352	14.613	15.421	15.058	11.100	14.024	16.840
	m	0.219	0.469	0.389	0.452	0.298	0.322	0.764	0.458	0.438
	n	0.151	0.200	0.168	0.207	0.199	0.186	0.218	0.204	0.176
1.75	E_0/MPa	43.965	38.454	48.956	39.052	43.116	47.136	37.380	36.451	42.142
	E_1/MPa	19.593	14.484	21.755	12.202	21.659	26.174	18.147	15.387	17.340
	m	0.793	1.206	0.781	0.841	0.774	0.411	0.504	0.714	0.793
	n	0.207	0.225	0.240	0.295	0.179	0.201	0.208	0.201	0.212

400kPa下压实黄土蠕变参数拟合值 表5-3

干密度/(g/cm³)	蠕变参数	一组	二组	三组	四组	五组	六祖	七组	八组	九组
1.53	E_0/MPa	19.381	20.014	19.924	18.303	19.498	18.037	19.313	18.861	18.601
	E_1/MPa	9.388	9.151	8.262	6.345	9.490	7.996	9.632	7.123	7.179
	m	0.426	0.512	0.624	0.918	0.422	0.449	0.356	0.772	0.717
	n	0.173	0.184	0.189	0.236	0.171	0.187	0.170	0.212	0.190

续表

干密度/(g/cm^3)	蠕变参数	一组	二组	三组	四组	五组	六组	七组	八组	九组
1.6	E_0/MPa	29.011	27.626	27.177	26.653	27.737	27.998	28.122	28.156	28.601
	E_1/MPa	10.188	10.525	8.371	8.510	9.132	12.451	12.306	22.073	10.896
	m	0.644	0.551	0.757	0.602	0.654	0.402	0.437	0.205	0.551
	n	0.200	0.195	0.208	0.218	0.203	0.171	0.174	0.143	0.172
1.68	E_0/MPa	42.855	41.110	43.131	41.983	38.160	38.685	44.035	41.715	42.023
	E_1/MPa	16.170	16.547	20.942	13.201	12.054	14.789	14.618	14.902	21.684
	m	0.572	0.522	0.501	0.898	0.645	0.419	0.839	0.719	0.375
	n	0.190	0.192	0.185	0.226	0.206	0.190	0.215	0.182	0.174
1.75	E_0/MPa	50.506	46.185	53.873	49.172	45.133	53.799	46.618	43.962	47.493
	E_1/MPa	21.787	19.143	25.916	20.178	14.689	26.087	19.865	15.154	17.549
	m	0.643	0.751	0.677	0.525	1.006	0.423	0.577	0.707	0.842
	n	0.200	0.190	0.194	0.210	0.230	0.190	0.194	0.226	0.198

800kPa下压实黄土蠕变参数拟合值 表 5-4

干密度/(g·cm^{-3})	蠕变参数	一组	二组	三组	四组	五组	六组	七组	八组	九组
1.53	E_0/MPa	16.508	16.956	17.592	17.107	17.277	16.309	16.500	15.991	16.818
	E_1/MPa	7.016	6.598	7.697	6.774	6.439	7.100	7.139	6.696	7.142
	m	1.324	1.729	1.370	2.023	2.036	1.293	1.436	1.689	1.513
	n	0.193	0.215	0.205	0.215	0.237	0.198	0.190	0.204	0.200
1.6	E_0/MPa	32.054	31.642	32.164	29.938	33.693	33.020	32.623	32.287	34.084
	E_1/MPa	14.477	11.619	17.259	14.201	18.311	13.272	18.559	17.358	11.802
	m	0.245	0.359	0.231	0.234	0.217	0.320	0.206	0.203	0.374
	n	0.158	0.159	0.139	0.145	0.146	0.149	0.140	0.156	0.161
1.68	E_0/MPa	45.683	43.838	45.200	43.235	41.860	43.787	44.204	43.849	42.718
	E_1/MPa	22.331	17.168	21.932	16.039	17.616	16.616	19.184	17.465	14.625
	m	0.298	0.405	0.328	0.549	0.303	0.395	0.347	0.389	0.462
	n	0.156	0.178	0.163	0.205	0.169	0.169	0.175	0.181	0.195
1.75	E_0/MPa	56.875	49.131	58.073	54.622	51.848	59.315	52.682	49.138	53.777
	E_1/MPa	30.870	30.972	28.619	54.487	25.672	32.029	19.284	20.138	24.559
	m	0.384	0.264	0.468	0.169	0.395	0.349	0.510	0.503	0.451
	n	0.152	0.143	0.157	0.114	0.157	0.155	0.196	0.161	0.168

1600kPa下压实黄土蠕变参数拟合值 表 5-5

干密度/(g·cm^{-3})	蠕变参数	一组	二组	三组	四组	五组	六组	七组	八组	九组
1.53	E_0/MPa	17.317	17.426	16.604	15.674	18.142	16.493	17.906	16.049	15.492
	E_1/MPa	4.499	4.551	3.968	3.276	5.300	3.693	5.405	3.461	3.393
	m	2.190	1.744	1.974	2.200	1.913	1.762	1.238	1.690	1.852
	n	0.196	0.197	0.215	0.263	0.183	0.250	0.164	0.221	0.245

续表

干密度/ (g·cm^{-3})	蠕变参数	一组	二组	三组	四组	五组	六组	七组	八组	九组
1.6	E_0/MPa	37.146	36.221	38.104	35.837	36.830	36.578	36.902	36.301	35.935
	E_1/MPa	12.119	12.323	13.627	10.697	11.278	16.375	11.727	15.245	11.906
	m	0.855	0.776	0.560	1.013	0.909	0.457	0.531	0.452	0.913
	n	0.234	0.252	0.169	0.227	0.238	0.227	0.204	0.167	0.241
1.68	E_0/MPa	48.759	46.435	46.198	44.195	46.772	47.608	47.051	47.235	49.466
	E_1/MPa	23.960	20.920	28.310	14.672	17.280	26.822	19.630	17.352	19.884
	m	0.240	0.237	0.176	0.359	0.350	0.219	0.300	0.428	0.304
	n	0.159	0.179	0.161	0.189	0.177	0.131	0.171	0.196	0.179
1.75	E_0/MPa	69.232	68.153	71.297	69.224	64.226	70.873	66.468	64.888	66.342
	E_1/MPa	34.553	44.007	35.369	44.927	31.163	46.313	50.442	40.016	40.243
	m	0.319	0.229	0.443	0.220	0.340	0.188	0.185	0.230	0.230
	n	0.168	0.148	0.151	0.129	0.165	0.156	0.143	0.158	0.152

原状黄土蠕变参数拟合值　　　　　　　表 5-6

蠕变参数	垂直压力/kPa				
	100	200	400	800	1600
E_0/MPa	26.715	16.390	18.506	23.738	32.846
E_1/MPa	26.185	15.315	15.212	14.021	8.334
m	0.826	0.308	0.272	0.346	0.794
n	0.159	0.150	0.148	0.152	0.244

（2）蠕变参数敏感性分析

以表 5-1 中干密度 1.75g/cm^3 的第一组参数为例，分析蠕变参数对蠕变模型曲线的影响。如图 5-14 所示，参数 E_0 越大，意味着土体抵抗变形能力增大，在施加压力时，其瞬

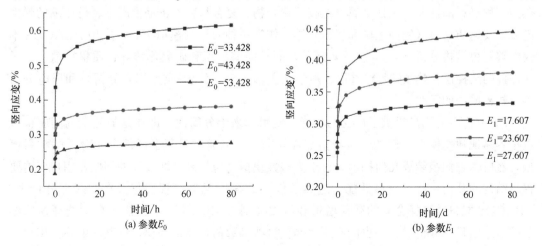

图 5-14　蠕变参数不同取值时蠕变曲线（一）

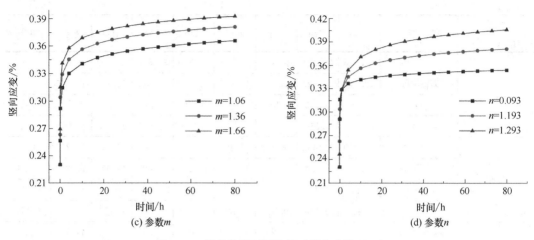

(c) 参数m　　　　　　　　　　　　(d) 参数n

图 5-14　蠕变参数不同取值时蠕变曲线（二）

时变形和非线性变形会随之减小；参数 E_1 越大，意味着土体抵抗非线性变形的能力越小，非线性变形会随之增大，当 $t \to \infty$ 时，改变参数 E_0 和 E_1 的大小，其竖向应变最终相差为关于 E_0 和 E_1 的定值。参数 m、n 越大，土体衰减蠕变阶段变形速率越大，其过渡到稳定蠕变阶段的时间越早。土体非线性变形会随着 m、n 的增大而增大，但当 $t \to \infty$ 时，由于 $Q(x)$ 函数的性质，不同 m、n 取值下的蠕变曲线最终交于一点。

5.3　基于 ABAQUS 的蠕变模型二次开发

5.3.1　ABAQUS 概述

ABAQUS 是一套功能强大的基于有限元方法的工程模拟软件，它可以解决从相对简单的线性分析到极富挑战性的非线性模拟等各种问题。ABAQUS 具备十分丰富的单元库，可以模拟任意实际形状。ABAQUS 也具有相当丰富的材料模型库，可以模拟大多数典型工程材料的性能，包括金属、橡胶、聚合物、复合材料、钢筋混凝土、可压缩的弹性泡沫以及地质材料（例如土壤和岩石）等。作为一种通用的模拟工具，应用 ABAQUS 不仅能够解决结构分析（应力/位移）问题，而且能够模拟和研究热传导、质量扩散、电子元器件的热控制（热-电耦合分析）、声学、土壤力学（渗流-应力耦合分析）和压电分析等广阔领域中的问题。

ABAQUS 为用户提供了广泛的功能，使用起来十分简便，即便是最复杂的问题也可以很容易地建立模型。例如，对于多部件问题，可以通过对每个部件定义合适的材料模型，然后将它们组装成几何构形。对于大多数模拟，包括高度非线性的问题，用户仅需要提供结构的几何形状、材料性能、边界条件和载荷工况等工程数据。在非线性分析中，ABAQUS 能自动选择合适的载荷增量和收敛准则。ABAQUS 不仅能够自动选择这些参数的值，而且在分析过程中也能不断地调整这些参数值，以确保获得精确的解答。用户几乎不必去定义 PDG 任何参数就能控制问题的数值求解过程。

5.3.2　用户子程序 UMAT 介绍

材料本构模型是材料应力-应变关系的数学描述，是有限元计算的基础。ABAQUS 软件中提供了丰富的材料模型，但实际情况的复杂性，ABAQUS 不可能把所有的问题都包括进去，因此其提供了众多子程序，支持用户对所使用的模型进行二次开发自定义。UMAT（User-Defined Mechanical/Thernal Material Behavior）是 ABAQUS 提供给用户进行材料本构模型二次开发的一个用户子程序接口，使用此接口可以方便用户定义自己需要的材料本构模型。大大增加了 ABAQUS 的应用面和灵活性。

ABAQUS 提供的用户材料子程序 UMAT 具有下面几个特点：

（1）用来定义材料的本构关系；

（2）当材料的定义包含用户自定义材料模型时，每一个计算单元的材料积分点都可以调用 UMAT；

（3）可以用于力学行为分析的任何分析过程；

（4）可以使用状态变量；

（5）对于力学本构关系，必须在 UMAT 中提供材料本构模型的雅可比矩阵 $\partial\Delta\sigma/\partial\Delta\varepsilon$；

（6）可以和用户子程序 USDFLD 联合使用，通过 USDFLD 重新定义任何常变量值并传递到 UMAT。

UMAT 子程序的核心内容就是给出定义材料本构模型的雅可比矩阵（Jacobian 矩阵，即应力增量对应变增量的变化率 $\partial\Delta\sigma/\partial\Delta\varepsilon$，$\Delta\sigma$ 是应力增量，$\Delta\varepsilon$ 是应变增量），并更新应力提供给 ABAQUS 主程序。

UMAT 子程序采用 Fortran 语言编写，从主程序获取数据，计算单元的材料积分点的雅可比矩阵，并更新应力张量和状态变量，UMAT 的接口格式如下：

SUBROUTINE UMAT(STRESS,STATEV,DDSDDE,SSE,SPD,SCD,RPL

1 DDSDDT, DRPLDE, DRPLDT, STRAN, DSTRAN, TIME, DTIME, TEMP, DTEMP,

2 PREDEF, DPRED, CMNAME, NDI, NSHR, NTENS, NSTATV, PROPS, NPROPS,

3 COORDS,DROT,PNEWDT,CELENT,DFGRD0,DFGRD1,NOEL,NPT,LAYER,

4 KSPT,KSTEP,KINC)

INCLUDE' ABA_PARAM. INC

CHARACTER * 80 CMNAME

DIMENSIONSTRESS（NTENS），STATEV（NSTATV），DDSDDE（NTENS，NTENS），

1 DDSDDT(NTENS),DRPLDE(NTENS),STRAN(NTENS),DSTRAN(NTENS),

2 TIME(2),PREDEF(1),DPRED(1),PROPS(NPROPS),COORDS(3),DROT(3,3),

3 DFGRD0(3,3),DFGRD1(3,3)

user coding to define DDSDDE,STRESS,STATEV,SSE,SPD,SCD

and，if necessary，RPL，DDSDDT，DRPLDE，DRPLDT，PNEWDT

RETURN

END

DDSDDE (NTENS，NTENS)：雅克比矩阵，应力对应变的导数；STRESS (NT-ENS)：应力数组；STRAN (NTENS)：应变数组；DSTRAN (NTENS)：应变增量；CMNAME：材料名；KINC：增量步编号；TIME (1)：分析步时间 TIME (2)：总时间；DTIME：时间增量；NPT：积分点编号；NOEL：单元编号；SSE，SPD，SCD：比弹性应变能，塑性耗散，蠕变耗散；STATEV (NSTATEV)：状态变量数组；PROPS (NPROPS)：用户定义的材料常数。这里只对一些常用的变量进行了说明，更详尽的说明可以查看 ABAQUS 用户手册。

5.3.3　一维固结蠕变子程序编写

5.3.3.1　准备工作

可以使用 Fortran 语言对 UMAT 子程序，进行二次开发。经过之前的学习，我选择了使用 Fortran 语言对压实黄土一维固结蠕变本构模型进行 UMAT 子程序的编写。

用户在安装好 ABAQUS 主程序之后，只能使用 ABAQUS 自带的子程序，要使用并且开发自己的子程序还需要根据自己安装的 ABAQUS 版本安装相对应的 IDE 版本，具体版本的选择可以参考表 5-7，如果版本不匹配可能会导致子程序运行的失败。（本书用的电脑系统版本是 Window 10，ABAQUS 2020，Visual Studio 2019，Intel Visual Fortran 11.1.060，IMSL Fortran Library 6.0）。并且安装软件的时候也需要考虑软件安装的先后顺序，需要先安装 VS。

ABAQUS 与 Fortran 的兼容版本　　　　表 5-7

ABAQUS	VS	Fortran
6.12	2008	10.0/11.0
6.13	2008/2010	11.0/2011
6.14	2010/2012/2013	2011/2013
2016	2012/2013	2013
2017	2012/2013	2013
2018	2015	2016
2019	2015	2016
2020	2015	2016
2021	2019	2020

5.3.3.2　子程序编写注意事项

对于刚开始接触子程序的人来说，检查子程序的基本语法错误是很有必要的，可以通过在 ABAQUS 运行后的 log 文件中找到的错误之处。也可以通过 write 功能将 UMAT 中的某些变量进行输出，检测是否有异常。

编写子程序的时候需要注意英文逗号的输入，如果输入的是中文的逗号就会报错。另外，括号不闭合的情况也会导致报错。可能会出现有些分数的分母为零的情况，因此可以在每一个出现在分母的变量都事先判断其是否为零，如果是零，就给它赋值一个很小的数。数据类型的错误，如双精度型定义成整型，此时可以借助 implicit none 语句，加入后，如果 UMAT 中的每一个变量都需要人工定义，否则就会进行报错。

5.3.3.3　UMAT 子程序编写

UMAT 子程序作为 ABAQUS 主程序的一个接口，两者是处于动态协调工作的状态。开始工作时，ABAQUS 主程序将初始相关变量值传给 UMAT 子程序，并在单元积分点上调用 UMAT 子程序进行增量计算，计算完成将更新变量值传递给主程序，直至达到设定的收敛标准时停止交互。

本书一维固结蠕变模型通过从初始瞬时变形开始，在其基础上进行非线性蠕变部分的模型构建。使用 Fortran 语言也按照此思路编写一维固结蠕变模型 UMAT 子程序，其运算编制思路如图 5-15 所示。

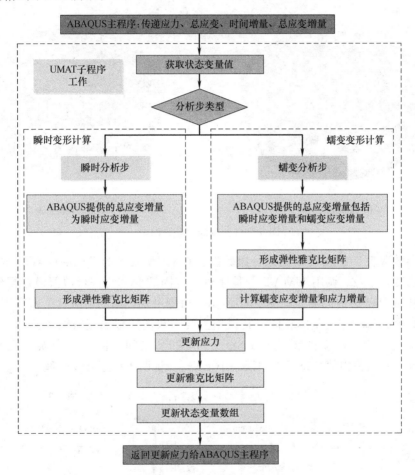

图 5-15　UMAT 子程序运算流程图

具体流程分为以下几步：

（1）ABAQUS 主程序传递应力、总应变、时间增量和总应变增量给 UMAT 子程序。

（2）UMAT 子程序获取状态变量值，并判断分析步类型。

（3）若为瞬时分析步，则根据瞬时应变增量形成弹性雅克比矩阵，并计算更新应力张量数组。若为蠕变分析步，则根据总应变增量形成弹性雅克比矩阵，通过非线性迭代计算蠕变应变增量和应力增量，并计算更新应力张量数组。

（4）更新雅克比矩阵，更新状态变量数组。返回更新应力给 ABAQUS 主程序进行下一次计算，直到完成设定的分析步时间时停止计算。

5.3.4 一维固结蠕变子程序验证

为验证所编写子程序的正确性，仿照一维固结蠕变试样建立直径为 79.8mm，高度 20mm 的圆柱体三维模型，共划分 3012 个单元和 3773 个节点，单元类型为 C3D8。模型底面限制 x、y、z 方向的位移，侧面限制 x、y 方向的位移，顶部施加垂直压力。数值模拟有限元模型及网格划分如图 5-16 所示。计算过程分为两个分析步：瞬时分析步和蠕变分析步，第一步模拟加载瞬间变形，第二步模拟荷载不变时的蠕变过程。

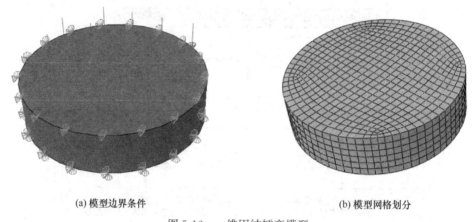

(a) 模型边界条件　　　　　　　　　　　　　　　(b) 模型网格划分

图 5-16　一维固结蠕变模型

模型参数取表 5-1～表 5-5 的第一组数据，在 ABAQUS 的 Property 模块输入自定义材料和状态变量个数。调用 UMAT 子程序对一维固蠕变试验进行数值模拟得到的应变-时间曲线和试验应变-时间曲线如图 5-17 所示。由图可知，不同荷载及干密度下，数值模拟和试验数据的瞬时应变基本相同，其误差主要为数值模拟的衰减蠕变速率较试验值略大。总体来说，瞬时应变的误差在 0.02%～1.29% 之间，稳定应变误差在 0.04%～3.28% 之间，数值模拟值与试验数据误差小于 5%，证明子程序开发合理。

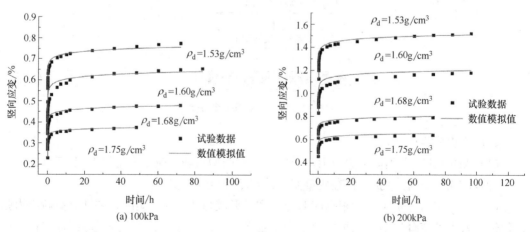

(a) 100kPa　　　　　　　　　　　　　　　(b) 200kPa

图 5-17　模拟值与试验值对比（一）

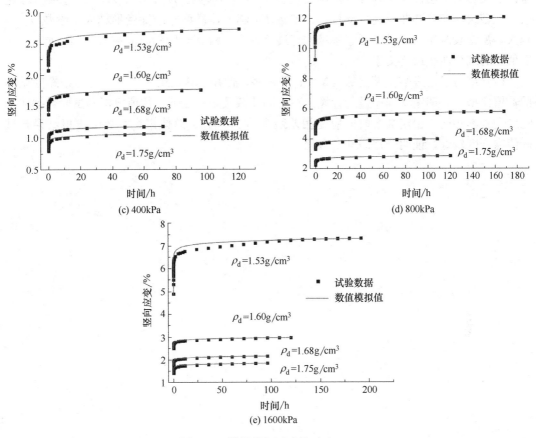

图 5-17　模拟值与试验值对比（二）

5.4　本章小结

本章在一维固结蠕变试验的基础上，提出了一种改进蠕变模型，并通过二次开发实现了蠕变模型在 ABAQUS 软件中的应用，具体得出了以下几点结论：

（1）一维固结蠕变试验结果表明，压实黄土和原状黄土均反映出瞬时变形、衰减蠕变和稳定蠕变三个阶段。当干密度越低，垂直压力越大时，试样变形越大。压实黄土一维固结蠕变变形表现出一定的变异性。瞬时变形变异系数在 $1.95\%\sim10.13\%$ 之间，稳定变形变异系数在 $3.02\%\sim14.52\%$ 之间。随着垂直压力的增大，瞬时变形变异系数平均值总体呈减小的趋势，稳定变形变异系数平均值两边大，中间小，呈现向下"凹陷"的曲线状。

（2）介绍了常用的元件本构模型和经验模型。根据压实黄土一维固结蠕变特性，将其变形过程归结为瞬时变形时蠕变柔量倒数 E_0 和非线性蠕变变形时的 $\Delta E(t)$ 两部分，由此提出了一种半经验半理论的蠕变模型，并推导出其一维蠕变方程。

（3）通过模型拟合，与 Merchant 模型和 Burgers 模型相比，本书模型对一维固结蠕变试验的瞬时变形及非线性变形的拟合性都要好，曲线拟合度相关系数均在 0.98 以上，验证了模型的适用性及正确性。该蠕变模型共有四个参数：E_0、E_1、m、n。参数 E_0 越大，模型瞬时变形和非线性变形越小；参数 E_1 越大，模型非线性变形越大；参数 m、n 越大，模型衰减蠕变阶段变形速率越大，过渡到稳定蠕变阶段的时间越早，但不同 m、n 取值下的蠕变曲线最终交于一点。

（4）编写了改进蠕变模型的 UMAT 子程序，使用 ABAQUS 建立一维固结蠕变试验的数值模型，并调用子程序进行计算。在不同荷载及干密度下，数值模拟和试验数据的瞬时应变基本相同，稳定蠕变时的应变相差最大为 3.28％。总体来说，数值模拟结果与试验值吻合度较好，证明子程序开发合理。

第6章 基于蠕变参数随机场的变形预测方法研究

作为描述土体蠕变特性的蠕变模型参数，理应也具有空间变异性。对于高填方边坡来说，填方体压实土干密度的不均匀性是填方体蠕变参数变异性的主要来源，其次试验过程的偶然性也会进一步加剧其变异性。因此，本章将在前文蠕变模型研究的基础上，进一步建立考虑蠕变参数变异性的随机场模型，并在此基础上进行考虑压实黄土蠕变随机性的贴坡型挖填方高边坡变形预测方法研究。

6.1 蠕变参数相关性分析

对于单个蠕变参数，其在空间位置上具有空间变异性，但不同参数间，亦具有相关性。相关性分析是指对两个或多个具备相关性的变量元素进行分析，能够衡量两个变量因素的相关密切程度。为简化分析，使用 Pearson 相关系数来分析蠕变参数之间的线性相关性，其计算公式为：

$$r = \frac{\sum_{i=1}^{n}(X_i - \overline{X})(Y_i - \overline{Y})}{\sqrt{\sum_{i=1}^{n}(X_i - \overline{X})^2}\sqrt{\sum_{i=1}^{n}(Y_i - \overline{Y})^2}}$$

$$(6-1)$$

对表 5-1～表 5-5 的蠕变参数绘制散点图，不同压力下蠕变参数间的相关系数如图 6-1 所示，从图中可知，四个参数间相

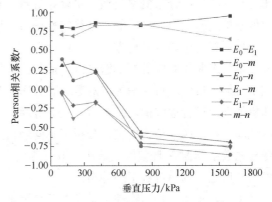

图 6-1 蠕变参数 Pearosn 相关系数

关性与垂直压力表现出三种不同的趋势。参数 E_0 与 E_1、m 与 n 在五级压力下相关系数波动不大，分别在 0.7894～0.9467 和 0.6431～0.8385 范围内，具有很高的正相关性。参数 E_0 为瞬时变形蠕变柔量倒数，参数 E_1 为非线性减小的蠕变柔量倒数值，两者都具有一定的物理意义，量纲相同，且直接决定着某个时刻的变形量，因此相关性高。而 m 和

n 作为 Harris 函数的两个参数，且共同控制着非线性变形部分的衰减速率，因此其相关性受垂直压力影响较小，相关性较高。参数 E_0 与 m、n 相关系数变化趋势相同，整体呈减小趋势。在前三级压力下，呈正相关，在后两级压力下，负相关性较强，其相关系数分别在 $-0.8619 \sim 0.3865$ 和 $-0.6967 \sim 0.3356$ 范围内。参数 E_0 与 E_1 存在强正相关性，这使得参数 E_1 与 m、n 相关系数变化趋势 E_0 与 m、n 大致相同，只是在五级压力下均呈负相关性，其相关系数分别在 $-0.0655 \sim -0.7653$ 和 $-0.0380 \sim 0.7497$ 范围内。在五级压力下，参数 E_0、E_1 与 m、n 之间相关系数波动较大，这是由于随着垂直压力的增大，低干密度下试验非线性变形远大于其余干密度，使得参数 m、n 的变化范围较大，其次受试验时间、仪器的限制，本书试验干密度设置跨度较大，不同干密度之间缓冲较小，因此导致其相关系数波动范围较大。但是从图 6-1 不难看出，在有限试验条件下，蠕变参数间确实表现出一定的相关性，因此有必要在蠕变参数随机场模型中考虑蠕变参数相关性。

6.2 蠕变参数随机场模拟

蠕变参数与干密度和垂直压力均有一定关系。然而边坡内各处的干密度是随机的，但垂直压力沿着边坡高度基本是线性变化的。因此，可直接模拟蠕变参数随机场去描述干密度的随机性，并建立五级压力下各自的随机场模型，以考虑随着深度的变化而产生的蠕变参数的非平稳性。

6.2.1 随机场参数确定

6.2.1.1 蠕变参数分布概率模型的确定

参数分布概率模型的确定决定着离散的随机场属于什么类型的随机场，对岩土工程的风险评价和可靠度分析具有相当大的影响。通常以高斯分布、对数正态分布和威布尔分布作为土性参数的分布概率模型。牛燚炜等将岩石抗剪强度参数看作高斯随机变量，应用于数值模拟进行三维形态下的边坡稳定性分析。谭晓慧等在离散强度参数高斯随机场的基础上提出了新的可靠度分析方法，Yuan 等离散土性参数高斯随机场，验证了提出的通过积分极限状态曲线对应的概率密度函数进行边坡可靠度分析方法。但由于考虑到抗剪强度参数不可能为负值，蒋水华等以对数正态分布作为黏聚力和内摩擦角的分布概率模型，基于随机场理论进行边坡稳定性分析。袁葳等模拟了强度参数的威布尔随机场，从安全系数和最危险滑移面两个角度出发，分析了不同随机场参数对边坡可靠性的影响。张继周等认为变异系数小于 30% 且偏度系数小于 0.025 时可选用选择高斯分布作为强度参数分布概率模型，反之，选择对数正态分布。

由于岩土体的基本物理力学参数较易大量获得，其分布概率模型较易统计，而一维固结试验周期较长，对蠕变参数分布概率模型的研究很少。本书只研究了四种干密度下的黄土蠕变特性，得到了四种干密度下的蠕变参数，难以建立完整干密度下蠕变参数的分布概率模型。根据马纪伟等对盐岩三轴蠕变的研究，其认为 Burgers 模型的蠕变参数符合高斯分布。图 6-2 为 100kPa 蠕变参数统计直方图，可见现有少量统计数据下，蠕变参数近似服从高斯分布。因此，本书选择高斯分布作为蠕变参数分布概率模型。

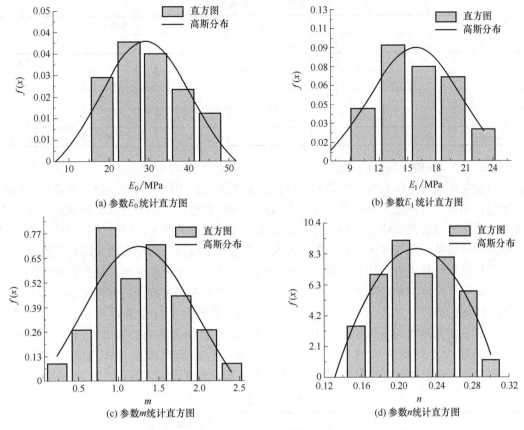

图 6-2　100kPa 蠕变参数统计直方图

6.2.1.2　高斯分布模型参数的确定

蠕变参数分布概率模型的模型参数应通过数理统计方法对试验数据分析计算得出。本书使用矩法计算蠕变参数均值，使用"3σ 法则"计算蠕变参数标准差。

1）矩法。矩法是计算均值最基本的方法。对 N 组 E_0，E_1，m 和 n 的试验值，可按式（4-10）计算其均值。

$$\mu = \frac{1}{N}\sum_{i=1}^{N} x_i \; ; \; (x = E_0, E_1, m, n) \tag{6-2}$$

2）"3σ 法则"。"3σ 法则"是一种计算参数方差的经验方法，对于一个服从高斯分布的参数，数值分布在 $(\mu - \sigma, \mu + \sigma)$ 中的概率为 0.6826，数值分布在 $(\mu - 2\sigma, \mu + 2\sigma)$ 中的概率为 0.9544，数值分布在 $(\mu - 3\sigma, \mu + 3\sigma)$ 中的概率为 0.9974 因此，可以将 $\mu - 3\sigma$ 和 $\mu + 3\sigma$ 看作该参数的最大可能值（HCV）和最小可能值（LCV）。所以当能够确定某一服从高斯分布的参数的最大和最小可能值时，就可以根据式（6-3）确定这个参数的标准差。

$$\sigma = \frac{HCV + LCV}{6} \tag{6-3}$$

对表 5-1～表 5-5 用式（6-2）和式（6-3）求得蠕变参数统计均值和标准差如表 6-1 所示。

蠕变参数统计均值和标准差　　　　　　　　　表 6-1

垂直压力 /kPa	均值				标准差			
	E_0/MPa	E_1/MPa	m	n	E_0/MPa	E_1/MPa	m	n
100	30.47	15.92	1.27	0.22	4.30	2.15	0.32	0.02
200	28.56	13.44	0.61	0.20	5.45	3.39	0.17	0.03
400	34.26	14.01	0.60	0.19	5.97	3.29	0.13	0.02
800	36.73	17.47	0.66	0.17	7.22	8.01	0.31	0.02
1600	42.09	19.69	0.78	0.19	9.30	7.86	0.34	0.02

6.2.1.3　自相关距离的确定

自相关距离对土性参数空间自相关性的具有重要的作用，空间两点处土性参数自相关性随着自相关距离的增大而越强，土性参数的变异性也越小。基于现场实测数据，可使用递推空间法、相关函数法或平均零跨法计算土性参数自相关距离。目前针对土性参数自相关距离的计算估计已有许多研究，但针对某一确定岩土场地，往往实测数据非常有限，并且多数仅限于计算垂直自相关距离，水平自相关距离的计算难度更大，且多数研究仅限于强度参数和干密度自相关距离。鉴于此，本书收集了学者们对黄土抗剪强度参数及干密度自相关距离的研究，如表 6-2 所示。黄土抗剪强度参数水平自相关距离仅有 25.53m 一值，垂直自相关距离约为 $0.36\sim7.19$m，干密度垂直自相关距离约为 $3.65\sim5.82$。蒋水华统计的黏性土抗剪强度参数水平自相关距离（根据表中波动范围换算）约为 $5\sim45.4$m，垂直自相关距离约为 $0.05\sim4$m。本书将基于此进行蠕变参数自相关距离的确定。

黄土自相关距离　　　　　　　　　　　　表 6-2

	水平自相关距离/m	垂直自相关距离/m	来源
抗剪强度参数		$1.20\sim7.19$	南亚林
		$0.36\sim0.55$	杨勇
		$1.20\sim7.19$	倪万魁
	25.53	1.146	宋政群
		$1.30\sim1.55$	王衍汇
干密度		$3.65\sim5.82$	陈锡琪
		4.38	王衍

6.2.2　Cholesky 分解

Cholesky 分解最早被运用在矩阵计算中，是可以将一个自共轭（第 i 行第 j 列的元素都与第 j 行第 i 列的元素的共轭相等）正定矩阵分解为上三角矩阵和下三角矩阵的方法。Golub 和 Loan（1996）给出正定矩阵的标准 Cholesky 分解形式。设有 $n\times n$ 阶的对称矩阵 A，则 A 可以被分解为以下形式：

$$A=DD^{T}=\begin{bmatrix} d_{11} & 0 & 0 & \cdots & 0 \\ d_{21} & d_{22} & 0 & \cdots & 0 \\ \cdots & \cdots & \cdots & \cdots & \cdots \\ d_{n1} & d_{n2} & d_{n3} & \cdots & d_{nn} \end{bmatrix}\begin{bmatrix} d_{11} & d_{21} & d_{31} & \cdots & d_{n1} \\ 0 & d_{22} & d_{32} & \cdots & d_{n2} \\ \cdots & \cdots & \cdots & \cdots & \cdots \\ 0 & 0 & 0 & \cdots & d_{nn} \end{bmatrix}$$

$$= \begin{bmatrix} d_{11}^2 & & \cdots & & 对称的 \\ d_{21}d_{11} & d_{21}^2+d_{22}^2 & \cdots & & \\ \cdots & \cdots & \cdots & & \cdots \\ d_{n1}d_{11} & d_{n1}d_{21}+d_{n2}d_{22} & \cdots & d_{n1}^2+d_{n2}^2+\cdots+d_{nm} \end{bmatrix} \tag{6-4}$$

由此可以解得：

$$d_{ij}= \begin{cases} \sqrt{a_{ij}-\sum_{k=1}^{j-1}d_{j,k}^2} & , i=j \\ \dfrac{1}{d_{jj}}\left(a_{ij}-\sum_{k=1}^{j-1}d_{i,k}d_{j,k}\right) & , i\neq j \end{cases} \tag{6-5}$$

可见，当一个矩阵为正定矩阵时，存在唯一一个对角线元素为正数的上三角矩阵。

6.2.3　四参数互相关高斯随机场实现

由 4.2 节知，蠕变参数之间存在互相关性，在进行随机场模拟时应考虑参数的互相关性。假定随机场计算区域内所有的自相关函数均相同，可通过对蠕变参数相关系数矩阵 $\boldsymbol{R}$ 进行 Cholesky 分解得到下三角矩阵 $\boldsymbol{D}$，将独立标准正态随机变量 $\boldsymbol{\xi}$ 与 $\boldsymbol{D}$ 的转置相乘得到互相关随机样本矩阵 $\boldsymbol{\chi}$，以此来表征各蠕变参数随机场之间的相关性。由于多参数相关系数矩阵的 Cholesky 分解是建立互相关随机场的重要一环，因此，本书在附录三给出了四参数互相关随机样本矩阵的具体求解过程。

以指数型自相关函数作为土体蠕变参数自相关函数，以高斯分布作为蠕变参数分布概率模型，同时为避免蠕变参数在高度方向上的非平稳性，根据土体重度和竖向距离将边坡划分为五级，将五级压力下的蠕变参数各自模拟为一个四参数互相关高斯随机场，并假设各级压力下的蠕变参数水平自相关距离和垂直自相关距离相等。以互相关随机样本矩阵为基，蠕变参数的二维互相关高斯随机场最终可模拟为：

$$H_k(x,y,\theta)=\mu_i+\sigma_i\sum_{j=1}^{M}\sqrt{\lambda_j}f_j(x,y)\chi_{i,j}(\theta) \tag{6-6}$$

式中：i 为 E_0、E_1、m 和 n；j 为 100kPa、200kPa、400kPa、800kPa 和 1600kPa。

6.3　蒙特卡洛-随机有限元变形预测方法

6.3.1　预测方法介绍

（1）蒙特卡洛法

蒙特卡洛法（Monte Carlo method，MCS）是以概率与统计的理论、方法为基础的一种计算方法，蒙特卡洛法将所需求解的问题同某个概率模型联系在一起，在电子计算机上进行随机模拟，以获得问题的近似解。因此，蒙特卡洛法又称随机模拟法或统计试验法。

在边坡可靠性分析中，将土体抗剪强度参数视为随机变量或随机场模型，对这些参数进抽样，带入极限状态方程中，经过计算得到不同抽样参数下边坡的安全系数，安全系数小于1的概率便为边坡的失效概率 P_f，使用式（6-7）便可计算边坡的可靠度 β。

$$\beta=\Phi^{-1}(1-P_f) \tag{6-7}$$

（2）随机有限元法

随机有限元法是在结构可靠度分析和边坡稳定性分析中的常用方法，是随机分析理论与有限元方法相结合的产物。有限元法是计算结构物确定性状况的强有力工具，随着科技的进步和人们认识水平的提高，以确定性理论为主的稳定性可靠性分析方法已经不能满足人们的要求，而是希望能在分析中考虑各种不确定性，如系统不确定性、试验不确定性和人为不确定性等。

（3）蒙特卡洛-随机有限元法

随机有限元法（Stochastic Finite Element Method，SFEM）是一种将随机变量和概率分布纳入有限元分析的方法，用于解决随机性对工程结构和系统性能的影响问题。它可以用来分析材料参数的不确定性、结构形状的不确定性、荷载的不确定性等问题。基于统计方法的蒙特卡洛随机有限元法（MC-SFEM）是最常用的求解可靠性问题的分析方法。其原理是使用蒙特卡洛法对随机变量进行采样，得到一组随机样本。然后，将这些随机样本代入有限元分析中，得到一组随机解。通过对这些随机解进行统计分析，可以得到问题的概率性解和可靠度分析结果。由于要考虑土体的随机特性，本书将求解可靠性问题的蒙特卡洛随机有限元法引用到变形问题分析中，主要原理是先建立蠕变参数随机场模型，将多次抽样的随机场模型与有限元模型结合，通过数值计算得到边坡变形，进而可进行变形的概率性分析及预测。使用蒙特卡洛-随机有限元法进行边坡变形预测具有以下优点：

1）从边坡长期变形的本质蠕变特性这一角度出发，弥补了仅靠变形数据统计分析进行预测而忽略变形内在机理的这一不足。

2）在数值模拟确定性分析的基础上考虑了蠕变参数的空间变异性和相关性这种不确定特性，并结合概率性分析方法更加符合实际情况。

3）针对贴坡型挖填方高边坡这一特殊坡体建立数值模型进行计算，能够模拟填方体与原始边坡不同变形特性，消除此差异引起的变形计算误差。

（4）蒙特卡洛次数的确定

变形预测的精度会随着蒙特卡洛次数的增加而更准确，但是过多的计算次数可能会造成工作量冗余，浪费大量时间。由于随着计算次数的增加，边坡变形平均值会逐渐达到稳定，因此，以变形平均值作为选择蒙特卡洛次数的取值标准。将 50 组随机场作为一个分析组，求出边坡变形平均值，若达到稳定则停止计算，否则增加分析组继续计算。

6.3.2 基于 Python 语言的变形预测方法程序化

6.3.2.1 ABAQUS-Python 二次开发介绍

使用蒙特卡洛-随机有限元法方法每一次计算的参数文件都是不同的，大量的计算模型建立、数值计算和数据结果的提取处理人为一次一次地实现显然是不现实的。幸好ABAQUS 提供了基于 Python 语言的二次开发平台可以将上述过程程序化，节约大量时间。

ABAQUS 软件包括两大部分：用来进行前后处理的 Abaqus/CAE（包括 Abaqus/GUI 和 Abaqus/Kermel）以及用来对有限元模型进行求解计算的求解器（包括 Abaqus/standard，Abaqus/Explicit，Abaqus/CFD 或者 1X Abaqus/Aqua）。Abaqus/CAE 运行后会产生 3 个进程：abq6141.exe、ABQcaeG.exe（Abaqus/分 CAE GUI）和 ABQcaeK. exe（Abaqus/CAE Kernel）。

GUI 或者负责收集建模参数交给 Kernel 建模并最终形成 INP 文件，或者打开现有的 ODB 文件，提取数据并显示云图。Python 是一种面向对象的编程语言，其跨平台性、可扩展性功能十分强大，这一过程基本上都是 Python 语言完成的。达索公司为 Abaqus/CAE 提供了丰富的接口，比如对模型操作的 MDB 相关接口，对结果数据 ODB 操作的接口，以及常用的 CAE 相关的 session 操作的接口。Abaqus/Python 二次开发主要就是基于这一部分进行的，目的或者是快速自动建模并形成 INP，或者是处理 Abaqus/P 现有的 ODB 结果并提取所需数据。

6.3.2.2　Python 脚本语言的介绍

Python 是一种完全独立的程序设计语言。Python 是一种体现了简单主义思想主意的语言。并且 Python 语言能够使你更加专注于解决问题而不是去搞明白语言本身。而且 Python 很容易上手，这是因为它有一个很简单、易懂的说明文档。Python 提供了简单高效的高级数据结构，并且还能简单有效地面向对象编程。

Python 编程语言的语法和动态类型，和他的解释型语言的本质，使得它成为多数平台上快速开发应用和写脚本的编程语言。随着 Python 版本的不断更新和语言新功能的加入，Python 逐渐被应用于大型项目的开发。2021 年 10 月，语言流行指数的编译器 Tiobe 将 Python 加冕为最受欢迎的编程语言，20 年来首次将其置于 Java、C 和 JavaScript 之上。本书使用 ABAQUS-Python 二次开发主要是进行批量化生成及提交 INP 计算文件和批量提取 ODB 结果文件。

6.3.2.3　ABAQUS 脚本接口

ABAQUS 脚本接口（Abaqus Scripting Interface）是 Python 语言的一个延伸，指的是能够使用 Python 语言编制脚本接口可以运行的程序，因此能够实现自动化重复性的工作、建立和编辑模型数据库以及访问数据库的功能。ABAQUS 脚本接口更相应的扩充了 Python 的数据类型和对象模型，因为这些扩充，因此 ABAQUS 的脚本接口的各种功能也会越来越强大。现今，ABAQUS 脚本接口一般会应用于快速建模（前处理过程）、自动后处理模块（自定义模块过程）、建立和使用输出数据库（后处理过程）等。

ABAQUS 中的脚本接口（ASI）是在 Python 应用程序的基础上开发的，因此根本是需要使用 Python 编程语言。基于 Abaqus 中的脚本接口，用户可以完成很多功能。如：自定义 Abaqus 环境文件；使用宏录制的功能来自动进行前、后处理；查阅并且完成输出数据库文件（ODB）文件；进行参数化分析；创建 Abaqus 插件程序。

ABAQUS 脚本接口是一个基于对象的程序库。脚本接口的各个对象都有自己特定的函数和数据类型，这些对象中的函数是用来专门处理对象中的各种不同的数据，将不同的数据之间进行串联。在 Python 编程语言中，这种用来产生对象的方法被叫作构造函数。在对象被选择创建之后，可以使用所选择的对象提供的方法处理相应的数据。另外地，也可以使用 setValues（）方法来处理在某些特定对象中的特定的数据。ASI 可实现 ABAQUS/CAE 中的所有功能，用户可以通过 GUI、Command Line Interface-CLI（命令行）和脚本来实现命令。当然，所有的命令不能够直接通过 ABAQUS 软件进行执行，必须通过 Python 解释器之后才可以进入 ABAQUS/CAE 中进行执行，同时生成相应的拓展名为 . rpy 的文件（记录一次操作中的几乎所有的 ABAQUS/CAE 的命令）。这些命令在进入 ABAQUS/CAE 之后就会转换成 INP 文档，在经过隐式求解器或者显式求解器之后进行数值分析，最后得到输出 Odb（输出数据库）文件，然后对分析结果进行各种后处理的操作（绘制变形图、等值线图、动画等）。总之，ASI 的可以实现的功能为：创建、修改 ABAQUS 模型中的某些属性（材料、载荷、分析步等）；创建、修改以及提交分析步作业；查看分析结果。

6.3.2.4 ABAQUS/Python 脚本的运行

ABAQUS 提供了以下四种方式供 Python 脚本的运行：

1）打开 ABAQUS 后，直接在命令区 KCLI 中运行脚本。

2）从 File-Run Script 选择框中选择脚本书件（.py）运行。

3）使用 ABAQUS 提供的 Python Development Environment（PDE）来运行脚本。

4）在 ABAQUS Command 命令行下使用 abaqus cae noGUI＝script.py 或者使用 abaqus Python script.py 命令来运行脚本。

每一种运行方式都有自己的优势和侧重点，比如，KCLI 下的运行比较方便，尤其是当程序段比较短，或者想测试某段小程序的结果时可以在 KCLI 中直接运行查看效果；Abaqus PDE 主要用来对程序进行调试，用查看变量在执行过程中的变化情况来调试程序达到特定的目的；一般具有某一特定功能的程序写好后，最终的测试都是 Abaqus Command 或者 File＞Run Script 下的运行。本书计算批量化脚本先使用前三种方式进行脚本各部分功能的调试，最后在 ABAQUS Command 命令下进行批量计算。

6.3.2.5 变形预测方法实施步骤

通过统计分析实测变形数据进行预测的方法难以对设计施工起指导性作用，而常规考虑土体蠕变特性的预测方法较少考虑土体的变异性问题。借鉴可靠性分析中常用的蒙特卡洛-随机有限元法，本书结合室内试验、理论推导及有限元仿真技术，提出了一种考虑蠕变随机性的变形不确定性预测方法，边坡变形预测方法流程图如图 6-3 所示。具体步骤分为以下八步：

1）使用 WG 单杠杆固结仪进行重复性一维固结蠕变试验，并使用本书改进非线性蠕变模型拟合试验曲线求取蠕变参数。

2）使用 Fortran 语言编写改进蠕变模型 UMAT 子程序，并验证子程序正确性，使其能运用于 ABAQUS 软件。

3）根据贴坡型挖填方高边坡工程实际情况建立边坡有限元模型，依据土体重度和竖向距离划分出五级压力下随机场区域。

4）确定自相关距离，使用 Matlab 软件求取特征值，根据试验确定各级压力下蠕变参数随机场均值和标准差，并用 Python 脚本提取随机场区域单元坐标。

5）使用 K-L 级数展开法生成式（6-6）所示的蠕变参数互相关高斯随机场模型并将其赋予有限元模型，并创建 JOB，导出初始 INP 文件。

6）使用 Python 脚本读取初始 INP 文件中需要保留的模型数据和更改的蠕变参数部分，使用式（6-6）生成 50 个蠕变参数随机场并批量替换初始 INP 文件中的初始蠕变参数，得到 50 个待计算的 INP 文件。

7）将 50 个待计算 INP 文件使用 Python 脚本生成用于 ABAQUS COMMAND 提交计算的 BAT 程序进行批量计算，计算完成后得到 50 个 ODB 文件。

8）使用 Python 脚本批量提取 ODB 文件中的变形数据，判断变形是否稳定，若不稳定，重复执行第 6）、7）、8）步，直到变形稳定，再进行统计分析，就此实现蠕变变形的概率性预测和分析。

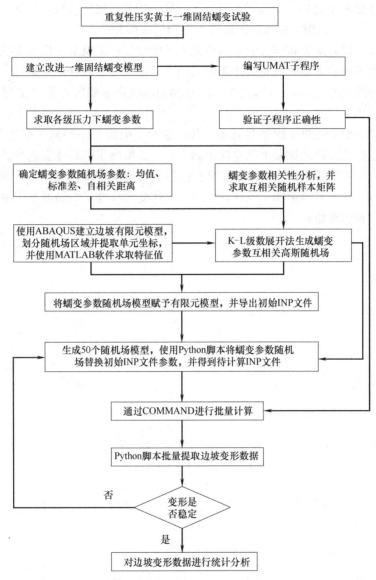

图 6-3　边坡变形预测方法流程图

6.4　本章小结

本章简要介绍了随机场理论，分析了蠕变参数相关性，建立了蠕变参数的互相关高斯随机场模型，并提出了一种压实黄土贴坡型挖填方高边坡变形的概率性预测方法，具体得出了以下几点结论：

（1）介绍了随机场理论的基本概念以及随机场离散的方法，并选择易于求解特征值和特征函数的指数型自相关函数作为蠕变参数的自相关函数。

（2）蠕变参数间存在一定的相关性，并随垂直压力表现出不同的变化关系。参数 E_0 与 E_1、m 与 n 在五级压力下相关系数波动不大，具有很高的正相关性。参数 E_0 与 m、n 相关系数整体呈减小趋势，在前三级压力下，呈正相关，在后两级压力下，呈较强负相关性。参数 E_1 与 m、n 相关系数在五级压力下均呈负相关性。

（3）确定了以高斯分布作为蠕变参数随机场的分布概率模型及模型参数，在总结黄土土性参数的水平向和垂直向自相关距离的基础上确定蠕变参数自相关距离。经过对蠕变参数相关系数矩阵的 Cholesky 分解建立了其互相关随机样本矩阵，最终实现了蠕变参数互相关高斯随机场的建立。

（4）将蠕变参数随机场模型与有限元技术结合，提出了一种基于蒙特卡洛-随机有限元法的贴坡型挖填方高边坡变形概率性预测方法，并给出了其具体实施步骤。该方法能从边坡长期变形的本质蠕变出发，考虑了蠕变参数具有空间变异性和相关性的实际情况，并且能模拟贴坡型挖填方高边坡不同扰动情况下土体变形特性，为贴坡型挖填方高边坡变形预测提供了一种新思路。

第7章　黄土贴坡型挖填方高边坡变形特性分析及预测

7.1　工程概况

7.1.1　地理位置

　　延安大学新校区建设项目位于延安市宝塔区内。根据市政规划及延安大学新校区规划的需求，需要建立一条市政道路。而道路规划区黄土沟壑地形，达不到建设场地的要求，因此需要进行冲沟回填。高填方边坡坡顶为规划道路，并紧邻校区学生宿舍，坡脚有所康复医院。地理坐标为：北纬 $36°10'33''\sim37°2'5''$，东经 $109°14'10''\sim110°50'43''$。作为延安大学新校区规划的一部分，该边坡的沉降变形监测及其未来变形发展的预测对保障人文环境安全具有重要意义。高填方边坡工程如图 7-1 所示。

(a) 边坡卫星图

(b) 边坡实景图

图 7-1　高填方边坡工程

7.1.2　气象水文

　　项目区属于温带半干旱大陆性季风气候区，全年气候变化受制于季风环流影响。气候特点：冬季（12月～次年2月），干冷，少雨雪，多刮西北风；春季（3～5月），干旱少雨，升温快，冷暖空气交汇频繁，风沙大，气温急升剧降；夏季（6～8月）炎热，多阵性天气且有伏旱；秋季（9～11月）降温迅速，湿润，多阴雨大雾天气。

宝塔区属于延河水系，延河是该区内最大的河流，发源于靖边县天赐湾乡周山，全长286.9km，流域面积7725km²，据延安水文站多年观测资料，延河多年平均水位4.54～5.49m，最高水位16.44m；多年平均流量4.48m³/s，最大洪峰流量7200m³/s，最小时断流；从年内分配看，延河径流量主要集中于7～9三个月，约占全年总径流量的60.8%，径流量年际变化比较显著，枯水年、丰水年相间出现，年变差系数C_v值为0.46～0.47。

7.1.3　地形地貌

工程地处陕北黄土高原中部，黄土梁峁为主体地貌形态，总体特征是地面切割强烈，河流沟谷密集，地形破碎，呈现出波状起伏的黄土塬沟壑景观。高填方及边坡工程场区内地形起伏大，填方区地面高程为1021.00～1125.00m，高差104m。场地总体地形为东北高，西南低，下陡上缓坡度约30°，局部约50°～60°，坡体主要由更新统黄土组成，冲沟发育，呈"V"形，植被发育。

7.1.4　地层岩性

填方边坡填筑在原状土边坡削坡形成的坡面上，其土料主要为黄土，均为全新世上、中更新统风积黄土及残积古土壤层，呈坚硬～硬塑。原状土由上更新统风积（Q_3^{eol}）黄土、残积（Q_3^{el}）古土壤，中更新统风积（Q_2^{eol}）黄土、残积（Q_2^{el}）古土壤构成，原状土下为侏罗系中统富县组（J_1y^1）泥岩、砂岩，土层偶见虫壳及碎石块。该场地内的地基湿陷等级均为Ⅱ级（中等）。

7.2　贴坡型挖填方高边坡有限元模型的建立

7.2.1　模型几何参数

简化延安大学贴坡型高填方边坡工程，选取一断面建立有限元模型，贴坡型挖填方高边坡模型尺寸如图7-2所示。模型总长301m，高122m，其中贴坡体长222m，高82m。原状土边坡顶部宽39m，贴坡体顶部宽41m。贴坡体从下往上共八级放坡，0～54m边坡

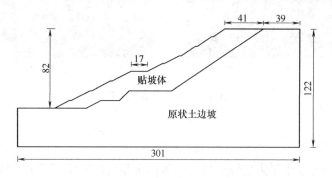

图7-2　贴坡型挖填方高边坡模型尺寸（m）

坡率为 1：2，54～82m 为边坡坡率 1：1.5。每级边坡连接处设置 2m 宽的台阶，第四级边坡与第五级边坡设 17m 宽平台。在该断面上有两个变形监测点 A 和 B。

7.2.2　定义材料属性

（1）本构模型及参数

压实黄土贴坡体和原状土边坡均采用本书提出的一维固结蠕变模型。原状土边坡蠕变参数为表 5-6 所示的确定值。贴坡体考虑蠕变参数的空间变异性，其随机场模型的均值和方差如表 6-1 所示。根据地勘报告，取贴坡体和原状土边坡其他物理参数如表 7-1 所示。

贴坡型挖填方高边坡物理参数　　　　　　　　表 7-1

边坡类型	重度 γ(kN/m^3)	泊松比 ν
贴坡体	18	0.30
原状土边坡	16.72	0.32

（2）随机场截断项数取值

根据土体重度和竖直距离划分五级压力下蠕变参数随机场区域，取蠕变参数随机场水平自相关距离为 40m，垂直自相关距离为 4m。使用 Matlab 软件求解特征值，经统计，五级压力下总特征值 λ 随展开项数衰减较快，如图 7-3 所示。图 7-4 为由式（3-48）计算的比率因子累计值曲线，若以 $\varepsilon \geqslant 95\%$ 作为随机场截断项数的选取标准，五级压力随机场区域级数展开项数最少为 75、90、146、730、233 才能满足标准。

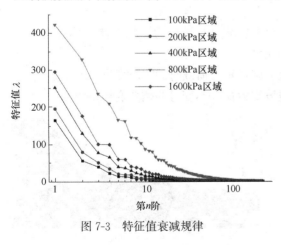

图 7-3　特征值衰减规律　　　　　　　图 7-4　比率因子累计值曲线

7.2.3　基本假设和网格划分

（1）模型的基本假设

为方便问题简化分析，模型作如下基本假设：

1）原状土边坡均视作原状黄土边坡，不考虑蠕变参数空间变异性，贴坡体考虑蠕变参数空间变异性。

2）所有的材料都是均质的、各向同性的。

3）不考虑孔隙水的作用。

（2）模型的网格划分

贴坡型挖填方高边坡有限元断面模型网格划分如图 7-5 所示，采用 CPE4 单元类型。相关研究认为随机场自相关距离和单元尺寸之商应小于 0.5，同时兼顾计算效率，取贴坡体单元尺寸为 2m，共划分 3843 个单元和 3983 个节点。

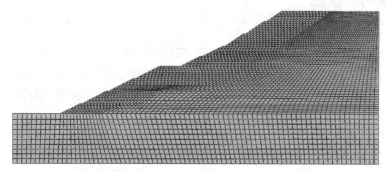

图 7-5　贴坡型挖填方高边坡有限元断面模型网格划分

7.2.4　定义荷载、边界条件与分析步

（1）模型的荷载情况和边界约束

计算中考虑土体的自重荷载对贴坡型挖填方高边坡变形的影响，贴坡体荷载根据边坡填筑过程依次生效。并约束模型两侧 x 方向的位移，约束模型底部 x 方向和 y 方向的位移。

（2）创建分析步

1）静力分析步。使用 ODB 导入法对原状土边坡进行地应力平衡，使土体有初始应力，无初始应变。地应力平衡结果如图 7-6 所示。

2）瞬时分析步。计算贴坡型挖填方高边坡施加重力荷载时的瞬时变形。

3）蠕变分析步。计算贴坡型挖填方高边坡重力荷载不变时的蠕变变形。

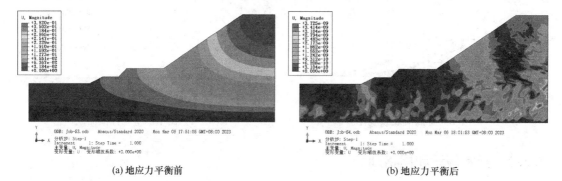

(a) 地应力平衡前　　　　　　　　　　　　　　(b) 地应力平衡后

图 7-6　地应力平衡结果

7.2.5　贴坡型挖填方高边坡分层填筑方案

贴坡体共有 9 级，根据实际施工过程，将贴坡体从下往上分 18 层，使用生死单元功能依次激活，模拟分层填筑过程。贴坡体重力在瞬时分析步时线性增加，每次施工完后留一定的固结时间。具体分层填筑方案如表 7-2 所示。

贴坡型挖填方高边坡分层填筑方案　　　　表 7-2

层级	厚度/m	施工时间/d	固结时间/d
第 1、2 层	4	5	5
第 3、4 层	5	7	7
第 5、6 层	5	10	10
第 7、8 层	5	10	10
第 9、10 层	4	5	5
第 11、12 层	4	5	5
第 13 层	5	12	/
停工期	/	52	
第 14 层	5	7	7
第 15、16 层	5	7	7
第 17 层	4	10	10
第 18 层	4	20	/

7.3　贴坡型挖填方高边坡变形特性分析

7.3.1　分层填筑对贴坡型挖填方高边坡变形特性的影响

取表 6-1 中各级压力下蠕变参数均值，分析分层填筑对贴坡型挖填方高边坡变形特性的影响。贴坡型挖填方高边坡变形云图的单位为 m，时间单位为 h，模型的色彩区域与左侧图例注释相对应，同色区域变形相同。从图 7-7 可以看出，在分层填筑时，贴坡体最大变形处在填筑土体表面以下，随着填筑过程的进行，其最大变形逐渐向上移动，分层填筑结束时停留在中间平台靠上的地方。贴坡体填筑时，对下方的原始边坡产生挤压作用，使得原始边坡的表面变形最大，且最大变形处并同贴坡体一样随着填筑过程向上移动，其整体变形呈"凹槽"状。贴坡体对原始边坡的附加应力随着深度逐渐减小，对原始边坡的影响越小，填筑完成时，贴坡体对原始边坡的影响范围达到最大。贴坡型挖填方高边坡最大变形处在贴坡体与原始边坡交界处，在贴坡型挖填方高边坡设计施工中，应对两类坡体交界处进行重点变形控制。

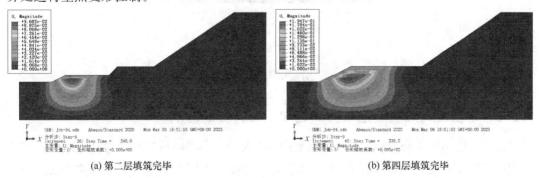

(a) 第二层填筑完毕　　　　　　　　　　　　(b) 第四层填筑完毕

图 7-7　分层填筑变形云图（一）

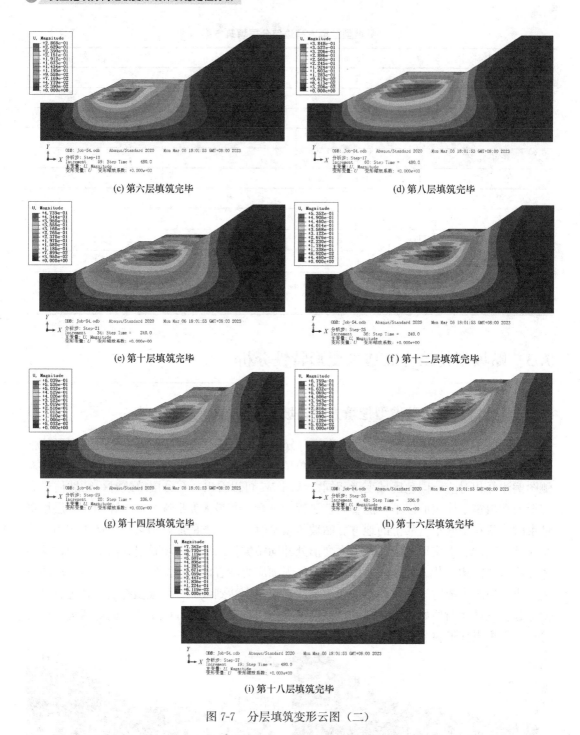

(c) 第六层填筑完毕　　　　　　　　　　　　　　(d) 第八层填筑完毕

(e) 第十层填筑完毕　　　　　　　　　　　　　　(f) 第十二层填筑完毕

(g) 第十四层填筑完毕　　　　　　　　　　　　　(h) 第十六层填筑完毕

(i) 第十八层填筑完毕

图 7-7　分层填筑变形云图（二）

7.3.2　干密度对贴坡型挖填方高边坡变形特性的影响

以贴坡体中间平台坡脚点 a 为例，如图 7-8 所示，分析贴坡型挖填方高边坡分层填筑过程中不同干密度下贴坡型挖填方高边坡变形特性。不同干密度下蠕变参数取表 5-1～表 5-5 的均值，如表 7-3 所示。

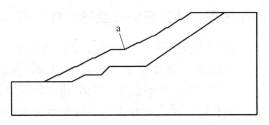

图 7-8　变形分析取点示意图

不同干密度下蠕变参数均值　　　　　　　　　　　　　　　　表 7-3

干密度 /(g/cm³)	蠕变参数	垂直压力/kPa				
		100kPa	200kPa	400kPa	800kPa	1600kPa
1.53	E/MPa	20.974	17.655	19.104	16.784	16.789
	a/MPa	14.369	19.041	25.589	23.835	51.885
	b	0.344	0.300	0.336	0.943	1.390
	c	0.182	0.174	0.190	0.206	0.215
1.60	E/MPa	26.187	22.835	27.898	32.389	36.650
	a/MPa	25.568	31.891	44.246	38.741	70.009
	b	0.814	0.419	0.332	0.145	0.475
	c	0.250	0.205	0.187	0.150	0.218
1.68	E/MPa	33.870	31.881	41.522	43.819	47.080
	a/MPa	28.996	34.888	68.580	63.589	62.513
	b	0.412	0.225	0.383	0.230	0.167
	c	0.214	0.190	0.196	0.177	0.171
1.75	E/MPa	40.853	41.850	48.527	53.940	67.856
	a/MPa	47.529	55.081	70.964	51.778	47.437
	b	0.930	0.435	0.410	0.193	0.112
	c	0.235	0.219	0.203	0.156	0.152

图 7-9 为分层填筑时不同干密度贴坡体对下方填土变形的关系曲线，若以 a 点为零点，其上方填筑五级，分十层进行，共计 44m。从图 7-9 中可知，贴坡体填筑越高，干密度越小，a 点的变形越大，填筑结束时，干密度为 1.53g/cm³、1.60g/cm³ 和 1.68g/cm³ 下的变形分别比干密度为 1.75g/cm³ 的大 23mm、11mm 和 8mm。且其变形要远大于其余干密度下的，可见在边坡施工时，达到合理干

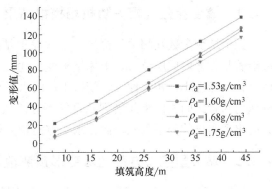

图 7-9　不同干密度下 a 点变形

度，即达到压实标准，对控制贴坡型挖填方高边坡变形，防治边坡灾害具有重要意义。

7.3.3 基于监测值的贴坡型挖填方高边坡变形特性分析

该高填方边坡工程 A、B 两点同时开始监测，施工期监测 178d，共监测 1270d。图 7-10 和图 7-11 分别为两个监测点的变形监测曲线和变形速率曲线，从图中可以看出，贴坡型挖填方高边坡在施工初期，A、B 两点变形较小，变形速率较快，停工期变形速率降低，再次填筑时，变形速率有一定程度的增大，开工后，其变形速率持续降低，并且逐渐趋于稳定。总地来说，贴坡型挖填方高边坡在施工期变形较大，变形速率较快，完工后变形持续增长，但趋于稳定，整个变形过程呈现出明显的固结蠕变特性，这进一步说明从蠕变角度出发进行贴坡型挖填方高边坡变形预测是合理的。

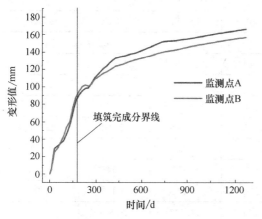 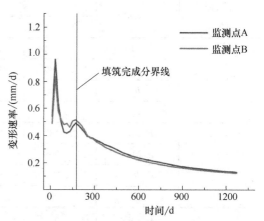

图 7-10　贴坡型挖填方高边坡变形值-时间　　　图 7-11　贴坡型挖填方高边坡变形速率-时间
　　　　　关系曲线　　　　　　　　　　　　　　　　　　关系曲线

7.4　基于 MC-SFEM 的贴坡型挖填方高边坡变形预测

本节将进一步考虑贴坡体蠕变参数空间变异性，使用第四章提出的 MC-SFEM 进行该贴坡型挖填方高边坡工程的变形预测。

7.4.1　蠕变参数互相关随机场模拟结果

四个蠕变参数互相关随机场的一次模拟结果如图 7-12 所示。土体在形成过程中，一般沿着竖直方向成层分布，土体结构变异性大，相关性小，在水平方向土质较为均匀，土体结构变异性小，相关性大，使得土体的水平自相关距离远大于垂直自相关距离，宋政群等认为两者之间相差十几倍到几百倍不等。从图 7-12 也可以看出，四个蠕变参数在竖直方向出现明显的分层现象，而在水平方向较为均匀，分层现象并不明显。

7.4.2　贴坡型挖填方高边坡变形预测值与实测值对比

使用 MC-SFEM 进行贴坡型挖填方高边坡监测期 1270d 及监测结束后两年内的变形进行预测。以 1270d 的变形值为准，确定蒙特卡洛计算次数，如图 7-13 所示，在数值模拟计算 500 次时，两个监测点变形均值达到稳定。500 次变形监测值与预测值对比曲线如

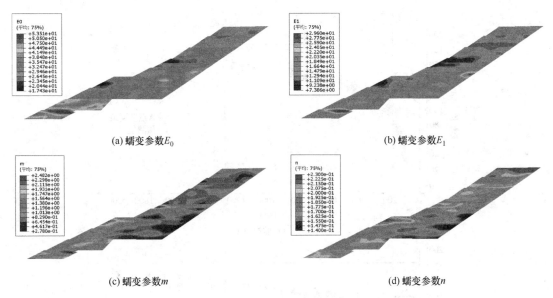

(a) 蠕变参数E_0　　　　　　　　　　(b) 蠕变参数E_1

(c) 蠕变参数m　　　　　　　　　　(d) 蠕变参数n

图 7-12　蠕变参数互相关随机场模拟示意图

图 7-14 所示，A 点施工期前后的部分时间里，预测值略大于实际监测值，其他时间段监测值均在预测值范围内，B 点监测值基本都在预测值范围内，证明了本书考虑蠕变参数空间变异性的随机性变形预测方法的具有合理性。监测期结束后两年内，两个监测点的变形增加趋势渐渐缓慢。沉降预测产生差异的原因，一方面是数值模拟简化了实际贴坡型挖填方高边坡工程，另一方面是对贴坡型挖填方高边坡蠕变参数的研究还不够全面。

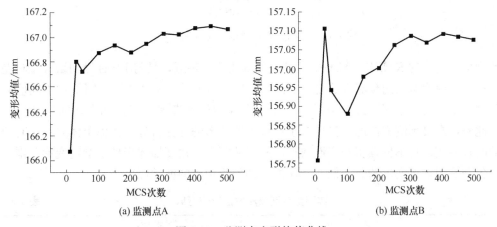

(a) 监测点A　　　　　　　　　　(b) 监测点B

图 7-13　监测点变形均值曲线

7.4.3　变形预测方法对比验证

使用第 2 章中预测较为准确的双曲线法和 BP 神经网络模型，以全部监测数据进行模型拟合，并预测监测结束后两年内的变形量，与本书结果对比如图 7-15 所示。本书方法预测均值曲线对施工期重力变化造成变形非线性的描述要比双曲线法好，不如 BP 神经网络模型。但 BP 神经网络模型对监测点 A 的外延预测明显大于主变形趋势，对监测点 B 的预测则是逐渐偏小，其预测具有较大的波动性。而从表 7-4 所示的评价指标来看，本书方

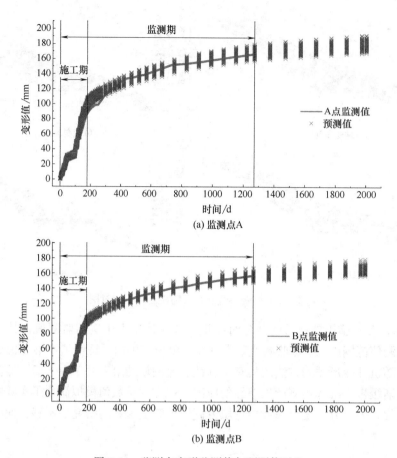

图 7-14 监测点变形监测值与预测值对比

法预测均值曲线的 $RMSE$、$MAPE$ 和 R^2 与双曲线法接近，且与 BP 神经网络模型相差较小，进一步说明本书的预测方法是可靠的。其次，双曲线法和 BP 神经网络对不同监测点的预测模型不同，本书通过数值模拟仅用一个模型便能考虑不同监测点之间的变形相关性。此外，本书预测方法的优势更在于反映边坡变形的内在机理，考虑土体参数具有变异性的既有事实，且不依赖实测变形数据，并能从概率性角度描述变形，给定变形范围，从而将各影响因素下变形的非线性考虑在内，其外延预测的波动性更小。

实测拟合区预测方法评价指标 表 7-4

监测点	评价指标	预测方法		
		双曲线法	BP 神经网络	本书方法均值
A	$RMSE$	4.15	0.44	5.31
	$MAPE$/%	3.69%	0.21%	4.63%
	R^2	0.990	0.998	0.983
B	$RMSE$	3.32	1.57	3.07
	$MAPE$/%	2.99%	0.48%	3.57%
	R^2	0.992	0.996	0.994

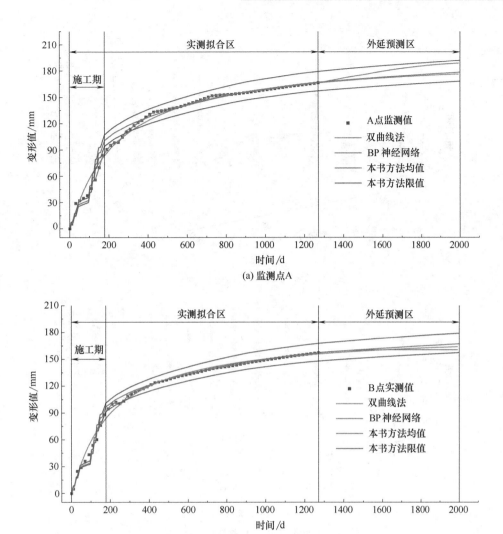

(a) 监测点A

(b) 监测点B

图 7-15　监测点不同方法与预测对比图

7.4.4　贴坡型挖填方高边坡完工后变形概率性评价

（1）变形概率分布特性研究

图 7-16 为监测点 A、B 完工后 10 个时期内的时间-预测变形概率柱状图。在不同时间内，监测点变形落在中间区域的概率最大，向两边逐渐递减，可见完工后任一时间内贴坡型挖填方高边坡变形应满足一定分布概率模型。以 1270d 的变形为例，使用高斯分布对其进行拟合，如图 7-17 所示，监测点 A、B 的拟合度分别为 0.968 和 0.989，说明贴坡型挖填方高边坡分布概率模型满足高斯分布。使用变形的分布概率模型，可以开展对边坡变形的预警研究，进一步建立边坡变形风险防范措施。

（2）变形变异性分析

预测完工后变形变异系数随时间变化如图 7-18 所示。可以看出，完工后时间越长，其变形变异系数越大，但是由于蠕变模型会随着时间逐渐趋于稳定，则完工后变形变异系

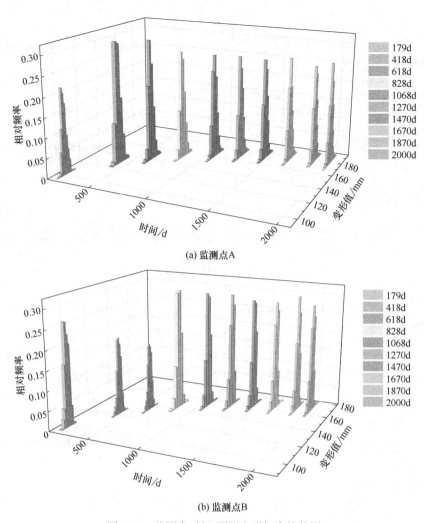

(a) 监测点A

(b) 监测点B

图 7-16　监测点时间-预测变形概率柱状图

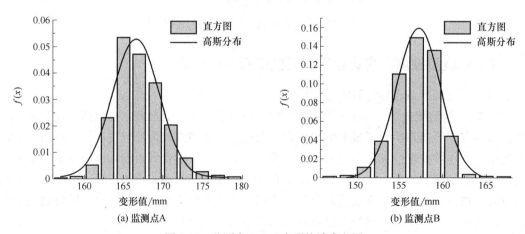

(a) 监测点A

(b) 监测点B

图 7-17　监测点 1270d 变形统计直方图

数最终会趋于稳定。监测点 A 位于监测点 B 上方，填筑完成时离荷载重心更近，在完工后相同时间内，监测点 A 变形受到影响更大，其变形变异系数比监测点 B 更大。在监测

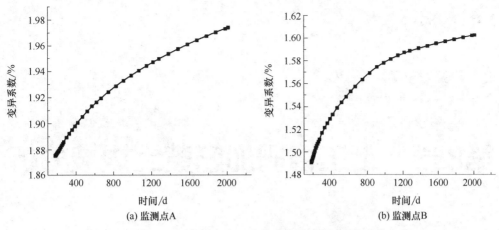

(a) 监测点A (b) 监测点B

图 7-18 预测监测点完工后变形变异系数随时间变化

期结束及预测两年后，A 点变形变异系数比施工期结束时分别大 3.99％和 5.28％，B 点变形变异系数比施工期结束时分别大 6.58％和 7.51％。贴坡型挖填方高边坡在完工后变形的变异性主要是由填土的变异性引起，变形变异性越大，贴坡型挖填方高边坡发生风险的概率也相对较高，因此，降低填土变异性，提高压实质量对防止边坡破坏具有重要意义。

7.5 本章小结

本章简要介绍了贴坡型挖填方高边坡工程概况，使用 ABAQUS 软件建立简化贴坡型挖填方高边坡模型进行数值模拟，分析了贴坡型挖填方高边坡变形特性，并使用蒙特卡洛-随机有限元法开展了一系列变形预测及分析，具体得出了以下几点结论：

（1）贴坡型挖填方高边坡分层填筑时，贴坡体表面以下变形最大，与贴坡体相接触的原始边坡表面变形最大，其变形呈"凹槽"状，随着填方高度的增加，边坡最大变形处向上移动，至填方体施工完毕时，稳定在贴坡体中间平台靠上与原始边坡交界处。

（2）贴坡体干密度越小，其变形越大，并且干密度为 1.53g/cm³ 下的变形远大于其他干密度下的。因此，填方体施工时，合理控制干密度使其达到压实标准对减小贴坡型挖填方高边坡变形具有重要意义。

（3）贴坡型挖填方高边坡施工期变形较小，变形速率较大，完工后变形速率逐渐降低，变形持续增长但趋于稳定，其整体变形过程表现出明显的固结蠕变特性。使用蒙特卡洛-随机有限元法进行预测，监测点 A、B 监测值基本落在预测值范围内，其次，本书方法预测的均值曲线精度与双曲线法接近，与 BP 神经网络相差较小，说明本书变形预测方法的具有较强的合理性和可靠性。

（4）变形预测数据表明，两个监测点处贴坡型挖填方高边坡完工后变形分布概率模型满足高斯分布，其变形变异性随着时间的增长逐渐变大，但逐渐趋于稳定。根据此结果可为建立边坡变形预警措施能提供一定的参考意义。

第8章　土工格栅加筋黄土边坡分析

8.1　引言

土的抗拉能力较弱，在土体中放置筋材，可以有效增加土抵抗变形的能力、提升填方边坡稳定性。截至目前，国内外众多学者从不同理论出发点分析了筋-土相互作用。但是试验方面还是普遍采用拉拔试验、直剪试验和三轴压缩试验来验证土工格栅与土的相互作用特性。

E M Palmerir 等将测试筋-土界面相互作用特征的试验方法分为直接测量法和间接测量法，直接测量法包括剪切试验、拔出试验等，可以直接测量筋-土界面的剪切性能、抗拔强度等参数。间接测量法则包括压缩试验、拉伸试验等，通过测量加筋土结构的全局的剪切响应来推算界面特征参数。因此，在进行试验前需要对结构进行充分的了解和分析，根据土工加筋工程的特征性，选择适合的试验方法，以保证测试结果的准确性和可靠性。

如图 8-1 所示，A 区中土体在筋材表面滑动，可用直剪试验模拟；B 区中土体和筋材

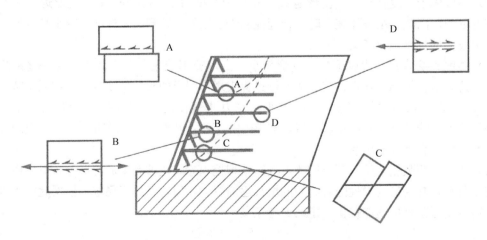

图 8-1　土工材料加筋边坡破坏特征

平行变形可用土中的拉伸试验模拟；C区中土体与筋材发生剪切，可用筋材倾斜的直剪试验模拟；D区中筋材被土体嵌固，可用拉拔试验模拟。

A区域由于剪切作用面明确，剪切参数可直接由直剪试验得出，加筋材料与土界面的摩擦特性常以黏聚力 c_a 和摩擦角 φ 或者近似摩擦系数 f^* 表示，摩擦剪切强度符合库仑定律，即符合式（8-1）。

$$\tau = c_a + p \cdot \tan\varphi = c_a + p \cdot f^* \tag{8-1}$$

式中 τ——界面的抗剪强度；

$\quad c_a$——界面黏聚力；

$\quad \varphi$——界面摩擦角；

$\quad p$——直剪试验的法向压力；

$\quad f^*$——似摩擦系数。

拉拔试验不仅可以考虑筋-土间的摩擦作用求得其界面强度，还可以考虑土工格栅横肋上的被动土抗力的影响，符合图8-1中D区域中的作用特性，即前方土体在极限状态下后方被嵌固格栅的抗拔状态，受力示意如图8-2所示。近年来，学者们通过在拉拔试验中改变填土压实度、加载方式、填料种类、法向应力、纵肋百分比、土样含水量研究筋土间界面参数的影响因素。

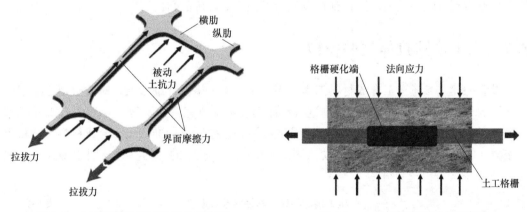

图 8-2 土工格栅拉拔试验受力示意图   图 8-3 土中拉伸试验受力示意图

土中筋材拉伸试验区别于检测筋材强度时的拉伸试验，该实验方法可以测得筋材在侧限条件下的拉伸强度，图8-1中B区域中的筋材符合土中拉伸试验边界条件，其受力情况如图8-3所示。大量研究表明：筋材土中拉伸时，土或法向应力的侧限作用增大了织物纤维之间的摩擦与咬合作用，使材料的抗拉刚度明显提高。在消除筋-土摩擦作用的情况下，得到的拉伸刚度仍比空气中大很多。与常规空气中拉伸相比，土中拉伸得到筋材的抗拉强度变化不大，但筋材达到抗拉强度时的伸长量明显减小，即筋材的模量明显增大。

加筋土三轴压缩试验可以模拟加筋土不同区域的应力状态，根据在偏差应力作用下土体剪切变形特性及破坏模式，间接考虑土中加筋作用对其抗剪切性能的影响，而不是直剪试验、拉拔试验中，人为地指定破坏面或滑动面。如图8-1中C区域，填方边坡工程中筋材应力集中区域为边坡的潜在滑移面布置，此时土体破坏面方向一般与筋材布置方向呈现一定的夹角。

谢婉丽通过加筋黄土三轴剪切试验，发现加筋土在三轴试验中出现典型的塑性破坏、在应力峰值后仍有较好的承载能力并提出了合理的布筋方式。陈晓斌等通过大型三轴试验及电镜扫描研究土工格栅加筋粗颗粒土的剪切行为，研究结果表明土工格栅显著提高了粗颗粒土的表观黏聚强度，随着加筋层数和围压的增加，剪切行为应变越向硬化发展。何玉琪等通过土工格栅加筋土的三轴试验，明确了加筋角度对加筋土强度的影响。但是由于三轴试样较小，在试验过程中会出现尺寸效应，影响试验结果及后续分析。

总地来说，拉拔试验和直剪试验是现阶段研究筋-土相互作用特性最直接、有效且普遍的试验方法。而三轴压缩试验，尤其是大型三轴压缩试验可以在考虑尺寸效应的条件下，消除与实际条件不符的假定破坏面影响，开展筋土相互作用特性研究。有限元法可以考虑筋土间的非线性特征模拟施工及完工后应力位移场，为实际施工带来了参考。由于筋土界面处渐进破坏机制不断完善，形成多种适用于不同工程条件下的模拟方法，其获得的筋土间摩擦系数也差异较大。因此，在加筋土结构设计中，应充分考虑侧limited约束对加筋材料力学参数的影响，采用更为合理的试验方法和试验结果才能正确反映筋材的力学特性。因此，本章采用数值模拟软件进行土工格栅的试验模拟研究。通过模拟试验土工格栅拉伸试验和加筋土三轴试验对工程边坡数值模拟中的加筋作用进行定义，使得加筋边坡工程模拟中变形得到有效的反馈，以达到边坡变形模拟相对准确的目的。

8.2 土工格栅拉伸试验模拟

模型的建立参考土工合成材料工程应用手册中土工格栅详细参数，对黄土填方工程中所使用的 EG90R 型号单向土工格栅进行拉伸模拟试验研究。为了得到合理的有限元模拟参数，对土工格栅进行单轴拉伸试验并参数反演。根据国家标准《土工合成材料　塑料土工格栅》GB/T 17689—2008 中多肋法测试模型参数。模型的几何参数及期望得到的物理性能如表 8-1、表 8-2 所示：

土工格栅物理力学性能参数期望　　　　　　　　　　　表 8-1

最大单肋力 /kN	最大屈服强度 /(kN/m)	峰值应变	2%延伸率的抗拉强度 /(kN/m)	5%延伸率的抗拉强度 /(kN/m)
2.2	90	0.11	32	64

土工格栅的几何参数（mm）　　　　　　　　　　表 8-2

肋条长 A_L	最大孔宽 A_T	挡条宽度 B_{WT}	肋条厚度 t_F	肋条宽度 F_{WL}
144	16	16	1.5	6.4

土工格栅单轴拉伸试验采用 C3D8R 实体单元模拟。由于不考虑土工格栅蠕变性能，所以材料属性仅定义弹性和塑性。根据国家标准中多肋条法测试要求，试样沿着纵向方向要保留三个节点以上，同时在横向两侧减断两肋。试验样品的有效宽度为 89.6mm；以每分钟拉伸试样夹具间距离的 20%作为拉伸速度。

试验结果拉伸强度按照式（8-2）计算：

$$F = \frac{f \times N}{n \cdot L} \tag{8-2}$$

式中　F——拉伸强度（kN/m）

　　　f——试样上的拉力值（kN）；

　　　N——样品宽度上的肋数；

　　　n——试样的肋条数；

　　　L——样品宽度（m），本试验中样品宽度取 515mm。

试样的材料的标定通过数值模拟软件内置的校验功能对土工格栅弹塑性材料进行定义，利用土工格栅宏观物理性能对材料进行换算，土工格栅厚度 5mm。

一般概念下的应力、应变指的是工程应力和工程应变，即在常规的试验中得到试验数据。工程应力与应变未考虑材料截面的变化，为了尽可能真实地模拟拉伸试验，在数值模拟软件中用真实应力和真实应变来定义塑性参数。在假设材料体积守恒的情况下，真实应力应变与工程应力应变的转化关系如式（8-3）、式（8-4）所示。经过单位换算、参数校验之后得到土工格栅材料塑性参数如表 8-3 所示。

$$\varepsilon_{ture} = \ln(1 + \varepsilon_{nom}) \tag{8-3}$$

$$\sigma_{ture} = \sigma_{ture}(1 + \varepsilon_{nom}) \tag{8-4}$$

式中　σ_{ture}、ε_{ture}——真实应力、应变；

　　　σ_{nom}、ε_{nom}——工程应力、应变。

校验材料所得到的塑性参数表　　　　　　　　　　表 8-3

屈服应力	塑性应变
63.7459	0
64.0046	9.90E-06
68.2455	0.000223077
72.4863	0.00046557
76.7272	0.000738277
80.968	0.001052121
...	
237.8791	0.03212766
242.1199	0.032956876
246.3608	0.033748797

注：屈服应力单位为 MPa。

土工格栅轴向拉伸应变为11%时，其拉伸试验模拟试验结果如图 8-4 所示，可以看出土工格栅位移状态均匀分布。从拉伸方向应力云图 8-4（b）来看，应力（S11）主要集中在拉伸方向肋条上，横向肋条与纵向肋条的连接处有点状应力集中。由等效塑性应变（$PEEQ$）云图如图 8-4（c）可得，塑性应变主要集中在受拉纵向肋条中部区域。由于本模型简化了纵向肋条与横向肋条连接处的导角，致使格栅横、纵肋连接处的横截面积有所

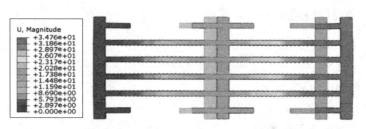

(a) 土工格栅拉伸试验位移云图(浅灰色区域为未变形格栅)

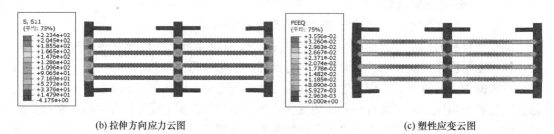

(b) 拉伸方向应力云图　　　　　　　　　　　　　　(c) 塑性应变云图

图 8-4　土工格栅拉伸模拟试验结果

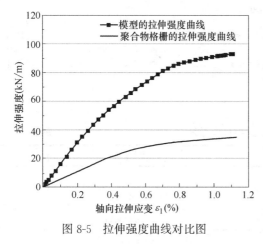

图 8-5　拉伸强度曲线对比图

减少，导致该位置出现了塑性应变集中的现象。

在位移控制的拉伸试验模拟过程中，通过单元截面积分可计算试验中拉力值，并由式（8-1）计算土工格栅拉伸强度并绘制拉伸过程中的强度曲线图，如图 8-5 所示。与资料中聚合物格栅的拉伸曲线进行对比可得，二者在拉伸过程中塑性发展趋势较为接近。但由于二者强度标号不同，导致材料强度上有明显差异。由图可知，在数值模拟软件中建立的土工格栅数值模型在轴向应变为 2％时的抗拉强度为 31kN/m、5％时的抗拉强度为 64kN/m，最大屈服强度为 92kN/m，符合 EG90R 预期强度要求。

8.3　土工格栅加筋土的三轴剪切试验模拟研究

充分考虑界面间的剪切特性，选择合理的筋-土界面模型及加筋模拟方式是加筋土研究的重点。学者们曾使用长度为零弹簧单元和 goodman 界面滑动探索了筋材在数值模拟中的表现方法，而后出现了如等效附加应力法等忽略筋材实体作用的加筋模拟计算方法，为工程研究带来了新思路（图 8-6）。随着有限元技术的发展精进，在软件中可自定义的通用接触对，为材料间的接触研究提供了便利。

本节将利用数值模拟软件对土工格栅加筋土进行围压 50kPa、200kPa、350kPa 下的大型三轴压缩试验模拟。试样的尺寸为 500mm×500mm×500mm 的立方体，土工格栅试采用上节模拟标定出的材料参数，土体采用摩尔库伦塑性材料，土强度参数为 $\varphi = 28°$、

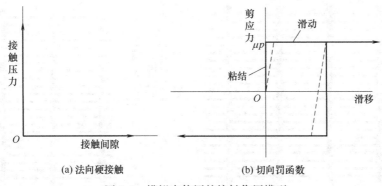

(a) 法向硬接触　　　　　　　　　　(b) 切向罚函数

图 8-6　模拟中使用的接触作用模型

$c=80\text{kPa}$。利用数值模拟软件强大的前处理功能对模型部件划分网格、装配、添加筋-土界面作用、施加三轴压缩试验边界条件。模型部件单元均采用 C3D8R 实体单元，使用 GEO 分析步对土体施加围压荷载模拟三轴试验固结过程，在固结完成后建立静力分析步并施加由位移控制的偏差应力（图 8-7）。

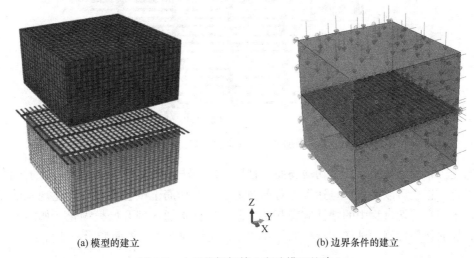

(a) 模型的建立　　　　　　　　　　(b) 边界条件的建立

图 8-7　土工格栅加筋土实验模型的建立

固结完成后土中土工格栅加筋土三轴试验固结完成后的应力状态如图 8-8 所示。在围压的作用下，由于土体的模量与筋材的模量相差较大，土体固结压缩致使格栅与土界面发生滑移，筋土间的摩擦作用导致格栅单元上生成不均匀剪应力，从而导致格栅上的应力水平分布不均匀。随着围压的增大，应力的不均匀性逐渐向整个格栅模型扩散。

将固结完成后的土样应力场赋予偏差应力加载分析步的初始应力场中，模拟三轴压缩试验的剪切过程。其塑性应变情况随轴向应变 ε_z 的变化情况如图 8-9 所示。在位移控制的剪切作用施加于土样顶面后，加筋土样中出现多处塑性应变集中的情况。由于加载面及边界施加处为侧限条件，随着试验的偏差应力的增大，此区域发生应力集中并向着自由面发展，如图 8-9（a）所示。在土样的竖向应变达到 1.6% 时，土样形成了与大主应力方向夹角为 40°的塑性贯通区域，如图 8-9（b）所示。贯通区域形成的贯通面与横肋的分布方向垂直，即剪切作用下单向土工格栅的强度薄弱方向会优先形成塑性应力集中区域，这表

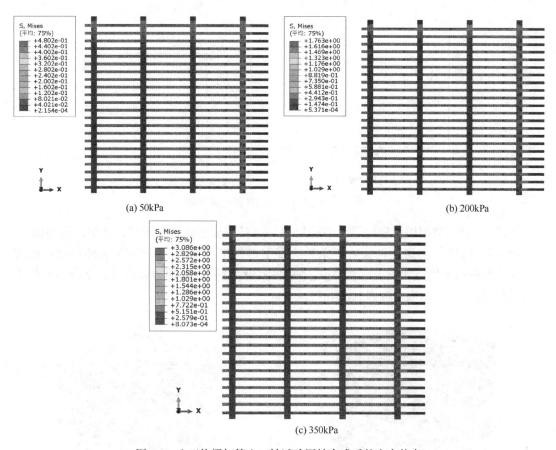

(a) 50kPa

(b) 200kPa

(c) 350kPa

图 8-8　土工格栅加筋土三轴试验固结完成后的应力状态

明单向土工格栅加筋土存在剪切薄弱面，且该面的外法线向方向与横截面较小的横肋分布方向垂直，这也可以解释史旦达等人对单向土工格栅加筋土试验中呈现软化现象的原因。随后，土样在剪切过程中的塑性应变开始扩散，塑性贯通区域开始模糊化，如图 8-9（c）所示，加筋作用抑制了试样靠近格栅位置的中部土体向自由边界面变形，使得试样在自由

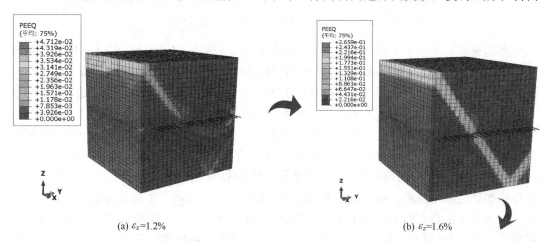

(a) $\varepsilon_z=1.2\%$

(b) $\varepsilon_z=1.6\%$

图 8-9　土工格栅加筋土三轴试验剪切过程中等效塑性应变变化情况（一）

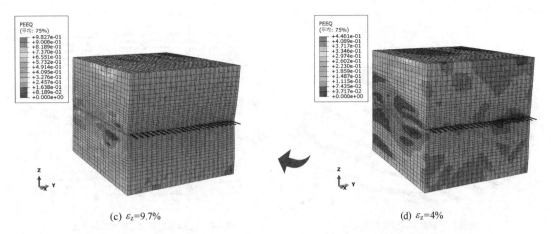

(c) ε_z=9.7%　　　　　　　　　　　　　(d) ε_z=4%

图 8-9　土工格栅加筋土三轴试验剪切过程中等效塑性应变变化情况（二）

面的形态上呈现出"葫芦状"，这与何玉琪等人的试验研究相符。图 8-9（c）为试验完成后土样的塑性应变情况，可见塑性区域扩散后，土样在中部加筋区域形成了明显的塑性应变集中区，形成了剪切带。

通过对 50kPa、200kPa、300kPa 围压下的剪切试样的应力云图进行分析，发现加筋土变形演化模式（塑性应变集中—塑性贯通形成—塑性区扩散）均存在于各围压状态下的剪切过程中，且围压的增加会导致塑性应变演化特征逐渐滞后，即围压导致加筋土硬化，若要在高的围压下使得加筋土样获得低围压同阶段的演化特征，则需要高围压试样获得更大的偏差应力（图 8-10）。

为了更好地观察剪切模拟试验中土工格栅的变形情况，将其 z 方向的位移云图赋予 xy 平面内位移放大 5 倍的变形图中，以此反映土工格栅的三维变形情况，如图 8-10（b）所示，阴影区域为未变形格栅。由图可知，在剪切作用下，与 xy 面平行的土工格栅布置情况变为自由端低、侧限端高的三维变形分布状态，格栅各肋条都为拉伸状态。识别土样塑性贯通区域的塑性应变图，如图 8-10（a）所示，在该视角下，可以清晰地观察到纵向肋条处的塑性应变集中现象。同时，根据该视角下单元的最大主应力矢量图 8-10（c）可得知，该位置的剪切应力张量使得格栅单元的主应力方向发生偏转形成主拉应力使得格栅在该位置应力集中，如图 8-10（d）所示。

图 8-10（d）中，贯通区两侧横肋鼓起的方向相反，即以贯通面为潜在破裂面，两侧土体向着远离潜在破裂面的方向运动。分析其原因，土工格栅与土的粘结、滑移、滑动导致在一定范围内土单元的应力状态发生改变，同时，土工格栅的摩擦作用会阻碍土体中塑性应变区域的不均匀变形发生，导致格栅在塑性贯通区域发生应力集中。

利用截面积分提取剪切过程中加载面的压力及面积变化情况，换算出加载面上的工程应力。绘制轴向应变 ε_z 与主应力差的关系曲线，如图 8-11 所示。由图可得，加筋土的强度与围压的水平有关，在相同偏差应力的作用下，土样的围压越大，其抗剪强度越高，与素土的抗剪强度规律相同。另外，该剪切曲线在屈服段反映出微小范围的应变软化特性，由于在该模拟试验中未定义材料的软化特征，则推断此为典型性的结构软化，并无实际意义。

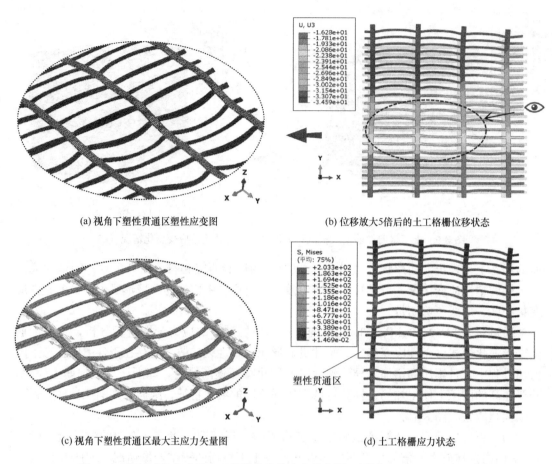

图 8-10　剪切试验完成后土工格栅位移及应力状态图（围压 350kPa，$\varepsilon_z=10\%$）

　　以模拟试验的终止点作为破坏点绘制该应力状态下的摩尔圆，通过包络线可得加筋土强度参数 $\varphi=27.47°$、$c=108.1$kPa，如图 8-12 所示。由输入的土强度参数为 $\varphi=28°$、$c=80$kPa，可知在摩尔库伦本构下的加筋土模型三轴剪切特征符合"准黏聚力"理论，即加筋后土样的内摩擦角在表观上基本无变化，但是黏聚力提升了 35%。

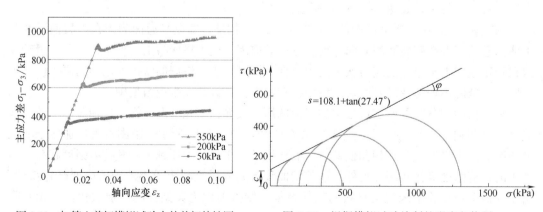

图 8-11　加筋土剪切模拟试验中的剪切特性图　　　图 8-12　根据模拟试验绘制的强度包络图

8.4　多级加筋黄土填方边坡工况模拟研究

在一定程度上，数值模拟技术可以帮助人类了解事物在多条件下的发展规律。对于工程领域而言，虽然材料、边界、几何等非线性复杂问题无法用单一的数学方式去表达、求解，以至于数值模拟结果在业界存在一定的争议，但是作为一种论证性方法，数值模拟仍然为我们提供了很多具有珍贵价值的信息和数据。此外，数值模拟还可以帮助我们在一些无法通过实验来验证的情况下，对问题进行分析和判断，从而指导我们更好地设计和优化工程方案。

本节将利用数值模拟软件对多级加筋黄土填方边坡的工程进行数值模拟研究，揭示填方施工过程对边坡位移的整体影响趋势。

8.4.1　模型的建立

边坡的概化地质模型通过原始地貌的等高线运用多软件生成，如图 8-13 深色部分所示。其 x 方向与坡面方向一致，即 yoz 面为边坡的断面。从设计图纸识别各级边坡平台的设计标高，与概化的地质模型进行布尔运算后得到边坡的贴坡填土的实体模型，如图 8-13 灰色部分所示。参考王华俊等人的研究对边坡模型网格及边界情况进行了调试。为了模拟研究区土体变形趋势，减少模型中的理想边界条件对结果的影响，将模型的尺寸扩大至研究区以外约 100m，边坡单元网格尺寸小于 0.1 倍的坡高，使用网格曲率控制参数来拟合地质概化模型的褶皱区域。

利用数值模拟软件中生死单元功能实现对边坡挖方、填方工况的模拟。具体的挖填方流程为：挖方区施工—坡面切坡清表—填方施工，切坡清表施工顺序由上而下，填方顺序由下而上。根据填方高度将边坡的填方体分为 3 个区域，以此模拟填方工况对边坡变形的影响，即各工况对应的填方高度为 48m—74m—107m（填方完成），如图 8-14 所示，各工况分别对应浅色、白色、深色区域。

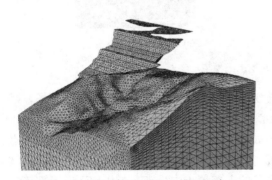
图 8-13　原始斜坡与填方土模型的建立

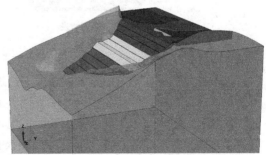
图 8-14　单元控制区域划分

8.4.2　模型参数的选取

将土工试验得出的土体参数输入模型后发现，发现其位移响应过大，不符合实际变形情况。因边坡填方地基采用了挤密桩处理，可将边坡地基土视为难以变形的土体，则土体的强度参数比室内试验数据设置得大一些，经过多次试验模拟，根据边坡变形实测数据反演土体数值模拟参数如表8-4所示。

土体数值模拟参数 表8-4

土的类型	弹性模量 E /MPa	泊松比 μ	重度 γ /(tone/m³)	摩擦角 φ /°	黏聚力 c /MPa
地基土	100	0.3	1.89	60	0.2
加筋填方土	15.8	0.3	1.86	28	0.108

8.4.3 考虑填方加载工况的边坡变形分析

为了获得原始斜坡的初始地应力采用GEO分析步对其地应力求解，其结果如图8-15 (a) 所示，最终其位移误差为 10^{-3} m级，观察结果后判断地应力分析符合要求。而后开始模拟挖方区的开挖工况，由于挖方区挖方厚度较大，开挖后产生较大的回弹变形，最大处回弹可达180mm，如图8-15 (b) 所示。随后进行原始斜坡的清表处理，如图8-15 (c) ～ (e) 所示。在此过程中，边坡填方地基各区域都由于开挖产生了较大的回弹变形，边坡上的最大回弹量可达110mm。

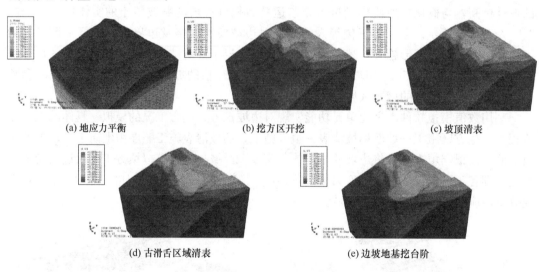

(a) 地应力平衡   (b) 挖方区开挖   (c) 坡顶清表

(d) 古滑舌区域清表   (e) 边坡地基挖台阶

图8-15 边坡开挖工况模拟

为了排除回弹变形对填方加载工况下边坡变形的影响，提取挖方完成后的应力场，赋予边坡填方工况模拟的初始应力场中如图8-16 (a)、(b) 所示。根据第三章中各监测点的位置情况，识别填方工况下边坡变形情况，如图8-16 (c) 所示。根据边坡模型监测点节点单元标号提取边坡在各工况下的沉降模拟结果如图8-17所示，工况一作用下，边坡填方大厚度区域的沉降量最大，主要分布在沟谷的上覆填土中。工况二作用下，下部填土由于受到了上部填土的填方荷载影响，下部填方体的上表面在附加应力下进一步沉降。完工后，发现边坡土体的沉降变形主要发生在填方体内。为了反映边坡变形的规律性，提取监测点沉降结果后与基准点沉降结果作差，完全模拟边坡施工阶段变形监测实测流程，得到的沉降结果皆为相对于基准点的相对位移，如图8-18所示。由图可知，其与第3章监测成果结论类似，边坡的变形沉降与其下覆填土厚度正相关。

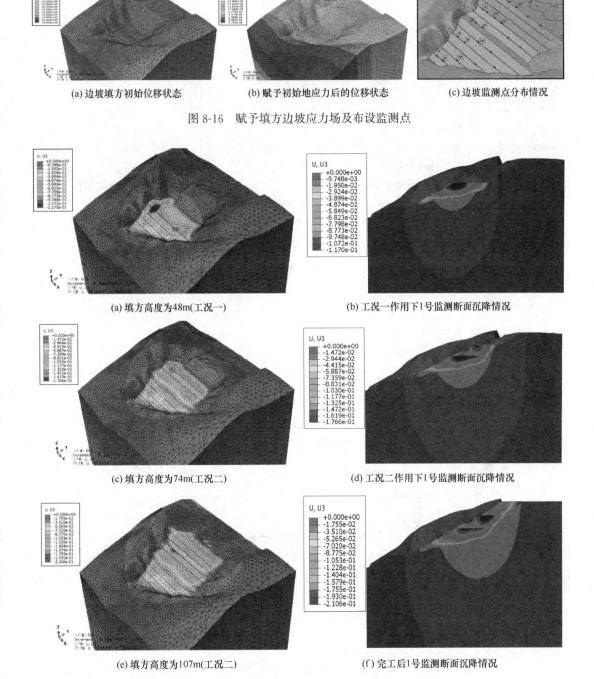

(a) 边坡填方初始位移状态　　　(b) 赋予初始地应力后的位移状态　　　(c) 边坡监测点分布情况

图 8-16　赋予填方边坡应力场及布设监测点

(a) 填方高度为48m(工况一)　　　　　(b) 工况一作用下1号监测断面沉降情况

(c) 填方高度为74m(工况二)　　　　　(d) 工况二作用下1号监测断面沉降情况

(e) 填方高度为107m(工况二)　　　　　(f) 完工后1号监测断面沉降情况

图 8-17　各工况下的沉降模拟结果

在坡肩区域各监测点的差异沉降与下覆填方厚度如图 8-19 所示，其与图 8-17（d）显示出来的规律相一致，模拟效果良好。但是在模拟结果在邻近侧限边界没有表现出对沉降的抑制，只有紧邻崖壁的位置的填土有该表现。

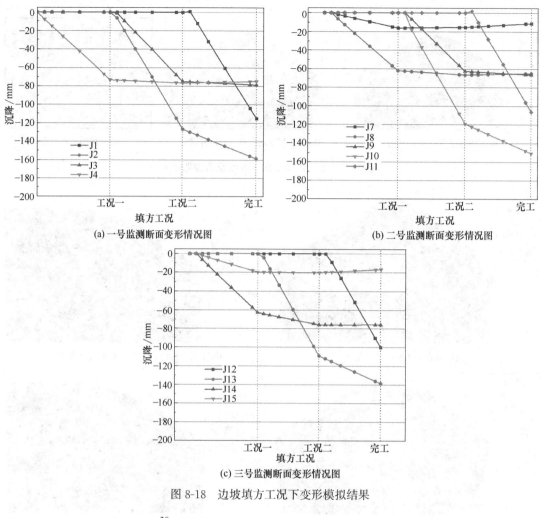

(a) 一号监测断面变形情况图 (b) 二号监测断面变形情况图

(c) 三号监测断面变形情况图

图 8-18　边坡填方工况下变形模拟结果

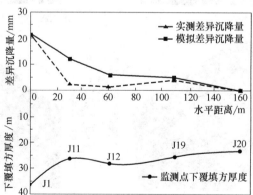

图 8-19　边坡数值模拟中坡肩区域差异沉降量与下覆填方厚度关系图

8.5　本章小结

为了考虑实际工程中加筋土对边坡变形的影响，对工程使用的加筋材料在有限元模型上进行了标定，得到其塑性参数。随后使用该筋材进行加筋土三轴剪切试验模拟及加筋土边坡实例模拟后得到以下结论：

（1）围压作用可以使得土工格栅与土之间相互作用特性增强。在大围压下，由于筋土间模量的差异，导致界面间发生滑移，单元间的剪切应力增大，致使加筋作用明显。在剪切过程中，围压可以影响加筋土表观屈服强度和表观屈服应变。

（2）通过总结剪切试验中塑性变形状态，得到了加筋土的变形演化过程"塑性应变集中-塑性贯通形成-塑性区扩散"，并发现在单向土工格栅中存在剪切薄弱方向。围压的增大会导致各演化阶段发生滞后。

（3）通过土工格栅的位移、应力及塑性应变的分布情况，分析筋土剪切过程中塑性贯通区域产生的原因，即土工格栅阻碍不均匀变形，筋土界面发生不均匀的界面摩擦致使土体的应力状态发生改变，形成垂直于贯通面的最大主应力。

（4）绘制包络图求得加筋土的表观强度，发现其内摩擦角与土体摩擦角基本相同，黏聚力增提升了 35%，符合"准黏聚力"理论。

（5）使用准黏聚力理论对加筋土填方边坡进行填方工况下的模拟研究。边坡模型的沉降值与实测完工后变形监测数据在部分规律性上相一致，并验证了坡面位移与其填方厚度的关系。

第9章 加筋土边坡稳定性影响因素及分析方法对比

图 9-1 工程挖填区卫星图

本章工程项目为多级加筋黄土填方边坡，如图 9-1 所示。工程地处黄土高原中部丘陵沟壑区与高原沟壑区交接的过渡地带，以黄土梁峁为主体地貌形态，总体特征是地面切割强烈，河流沟谷密集，地形破碎，呈现出波状起伏的黄土塬沟壑景观。建设场地地下水可划分为 4 个含水岩组，即黄土梁峁潜水含水岩组、第四系冲积层潜水含水岩组、中生界裂隙孔隙潜水含水岩组、中生界裂隙孔隙承压水含水岩组。

9.1 工程概况

9.1.1 气象水文条件

项目区气候类型为大陆性季风气候区，冬夏气温差距较大，降水夏季多、秋季少，差异大。根据 1990～2010 年期间实测资料，项目区多年平均气温 10.7℃，极端气温最高 39.3℃（2005 年 6 月），较历年极端最高气温（39.7℃）偏低 0.4℃；极端最低−23.0℃（1991 年 12 月），较历年极端最低（−25.4℃）偏高 1.4℃。一年中 7 月份气温最高，平均气温 22.9℃；1 月份气温最低，平均气温−6.4℃。极端最高气温出现在 7 月的次数最多，极端最低气温出现在 1 月的次数最多。年内气温变化最快的是：3 月到 4 月升温快，10 月到 11 月降温迅速。

根据资料统计，该区域多年平均年降水量为 689.0mm。比起历年的年平均降水量

（807.7mm），偏多了 181.3mm。最大的年降水量是 858.3mm（发生在 2003 年），相较于历年最大年降水量（871.2mm，发生在 1963 年），略少了 12.9mm。最小的年降水量是 544.2mm（发生在 1999 年），相较于历年最小降水量 330.0mm（发生在 1974 年），多出了 214.2mm。年降水主要分布在夏末秋初，相比之下冬季降水最少。

9.1.2　工程场地条件

拟建场地位于陕北黄土高原的丘陵沟壑地带，属于陕北台凹区域。陕北台凹是鄂尔多斯盆地一个组成部分。鄂尔多斯盆地位于太古宇及下元古界变质岩系的基底之上，上方依次沉积有中元古界长城系、蓟县系和上元古界震旦系以及古生界寒武系、奥陶系、石炭系、二叠系和中、新生界三叠系、侏罗系、白垩系等地层。该地区地层厚度超过万米。

在区域大地构造位置上处于相对稳定的地块上，附近地区不存在大型活动断层的穿过。该地区地震强度相对较弱，地震灾害不严重，属于相对稳定的地区。查询国家规范《中国地震动参数区划图》GB 18306—2015，该区域的地震动反应谱特征周期为 0.40s，地震动峰值加速度为 0.05g，地震基本烈度为Ⅵ度。

9.2　加筋土边坡稳定性影响因素及分析方法

9.2.1　内部因素

（1）岩土体力学性质

岩土体的强度、变形特性以及土层的孔隙水压力对边坡稳定性起着重要作用。不同类型的土质和岩石在不同水分条件下的力学特性对边坡的稳定性产生影响也不同。岩土体越硬抗剪强度越高，也就可以承受更大的应力和剪切力，从而减少边坡发生变形和破坏的可能性。水分含量对岩土的强度和胶结力有着重要的影响。当岩土中的水分含量较高时，岩土的强度和胶结力会下降，导致边坡失稳的风险增加。不同种类的岩土拥有不同的岩性和结构特征，如岩石的颗粒大小、颗粒间的胶结程度等。这些特征会影响岩土的强度、透水性和变形能力，进而影响边坡的稳定性。

（2）地质构造特征

层理和节理是岩石中普遍存在的平行和交叉的断裂面，当节理和层理与边坡倾向和坡面平行时，会增加边坡的薄弱面和滑动面的数量，从而降低边坡的稳定性。断层是岩石中的主要结构断裂，断层面上存在错动和滑动，当边坡与断层平行或近似平行，则断层会增加边坡的滑动面数量，导致边坡稳定性降低。土体的非均质性和变形不均衡可能引起边坡的沉降、坍塌和滑动，从而影响边坡的稳定性。

（3）边坡几何特征

边坡的几何特征对边坡稳定性有重要影响。较陡的边坡坡度会增加边坡的滑动和坍塌的风险，因为它增大了坡面的剪切力和重力分量；而相对较缓的边坡坡度可以提供更好的稳定性。边坡高度的增加会增加边坡受力的影响范围，从而可能引起更大的变形和稳定性问题。较长的边坡长度会增加边坡的承载力和抗滑性能，因为较长的边坡长度能够提供更好的支撑和抵抗滑动的能力。

9.2.2 外部因素

（1）气候条件

气候条件对边坡稳定性有重要影响。大量降雨会导致边坡土体饱和，减小土体的剪切强度和抗滑性能，从而可能引发边坡滑坡和坍塌的风险。此外，短时间内连续降雨或大雨暴雨还可能导致地质灾害的发生。在极端温度条件下，特别是在极寒地区，边坡会受到冻融循环和周期性热胀冷缩的影响，从而导致边坡变形和破坏。风暴和飓风可能会引起强风和风浪，加剧边坡的侵蚀和剥蚀。此外，干旱和干燥的气候条件可能导致土体的收缩和裂缝的产生，从而对边坡稳定性产生不良影响。

（2）地震作用

地震产生的地震动力作用会对边坡产生水平和竖向的地震力，可能导致边坡的滑动、倾覆和破坏。这是因为地震动能会增加边坡土体的剪切应力，并使边坡土体的抗剪强度减小。在地震发生时，如果边坡土体中存在相对较细的颗粒和较高含水量，地震动可能会导致土体发生液化现象。强烈的地震可以产生较大的地面水平位移，导致边坡发生变形、断裂和倾覆。

（3）植被覆盖度

植被可以减缓风的流速，降低风对边坡表面的冲击力，从而减少边坡表面土体颗粒的流失，面对风暴事件时，植被可以起到保护边坡土体的作用。植被的根系可以牢固地锚固土体颗粒，防止土体被雨水冲刷和坡面形成裸露表面。植被的根系可以有效地固定土体颗粒，减少降雨冲刷造成的侵蚀和剥蚀，从而保护边坡的稳定性。植被通过蒸腾作用可以调节土体水分含量，并减少土体的过度饱和和过干。适当的土体水分含量有助于保持土体的力学性质和稳定性。

9.2.3 加筋土边坡稳定性分析方法

在填方边坡工程中，加筋土被广泛应用。边坡极限平衡法是一种基于平衡条件进行边坡稳定性分析的方法。它假设边坡失稳时坡体保持平衡，通过平衡力矩和力的平衡来确定边坡稳定的临界状态。加筋土极限平衡法是用于加筋土边坡稳定性分析的方法。加筋土边坡是通过在土体中添加土工合成材料（如土工格室、土工织物等）来增加边坡的抗剪强度和整体稳定性的一种工程措施。传统瑞典条分法是将土体垂直分割为若干条带，分别进行受力分析，然后求解整个边坡的稳定性，这种传统方法来分析加筋土边坡有一个弊端，就是不能合理考虑筋材水平布设时所起的作用，进而导致所得结果过于保守。相比之下，水平条分法可避免上述问题。马学宁等人提出水平条分法计算边坡稳定性安全系数的方法并通过案例验证其准确性。陈榕等人基于塑性极限平衡原理和 Mohr-Coulomb 破坏准则，考虑筋材之间的拉力关系来计算加筋地基极限承载力问题，并分析影响因素。郑颖人等人总结了有限元极限分析法发现其既有数值分析法的优点又有经典极限分析法优点，并且研究了该方法的定义、原理、失稳判据、本构关系等，推广了该方法。介玉新等人提出等效附加应力法，并对其原理、适用范围、优点、创新性做出解释，并对其进行改进和优化使得其计算更加简便。

（1）水平瑞典条分法

水平瑞典条分法相比于传统的垂直条分法，更能考虑水平筋材的作用，因此可以提供更准确、更合理的加筋土边坡稳定性评估结果。在实际工程中，根据具体情况选择合适的分析方法，结合其他参数和模型，以确保边坡设计的安全性和可行性。其边坡稳定性安全系数计算公式：

$$F_s = \frac{\sum(cl_i + N_i\tan\varphi)R}{\sum W_i d_i - \sum(T_{sti} + T_{shi})y_i}$$ (9-1)

式中　W_i——土条 i 所受自重；

　　　N_i——土条 i 滑动面法向反力；

　　　T_{sti}——分别为 i 层水平筋材复合抗拉力；

　　　T_{shi}——分别为 i 层水平筋材竖筋抗力；

　　　R——为假设滑动面半径；

　　　d_i——土条 i 重心到圆心的距离；

　　　y_i——第 i 层筋材到圆心的距离。

（2）水平条分简布法

水平条分简布法是水平瑞典条分法的一种特殊形式，基本思想是将加筋土边坡水平切割为若干水平条块，同时将水平筋材的作用均匀分布在条块内部来考虑其对边坡稳定性的影响。对每个水平条块，采用平衡方程进行力学分析，其中土体重力、支持力和水平筋材的承载力被同时考虑，特点在于结合简化的力学模型和简单的数值迭代计算方法，使计算过程更加简便和高效。其边坡稳定性安全系数计算公式：

$$F_s = \frac{\sum(cl_i + N_i\tan\varphi)\cos\theta_i}{\sum N_i\sin\theta_i - \sum(T_{sti} + T_{shi})}$$ (9-2)

式中　N_i——土条 i 滑动面法向反力；

　　　θ_i——土条 i 滑动面中心与铅垂线夹角；

　　　T_{sti}——分别为 i 层水平筋材复合抗拉力；

　　　T_{shi}——分别为 i 层水平筋材竖筋抗力。

当筋材布设只有水平方向时 $T_{shi} = 0$，式（9-2）变为

$$F_s = \frac{\sum(cl_i + N_i\tan\varphi)\cos\theta_i}{\sum N_i\sin\theta_i - \sum T_{sti}}$$ (9-3)

（3）等效附加应力法

等效附加应力法相较于其他方法是将加筋土中的土工材料等效成附加应力沿筋材布设方向施加到土骨架当中，最终只计算土体。可以避免一些复合材料本构模型难以计算的诟病，无需再去分析筋材与土体的接触关系。等效附加应力法是一种相对简单且实用的加筋土计算方法。

以上方法均从不同角度来解决加筋土边坡稳定性，使加筋土边坡稳定性计算方法得到了广泛发展。

9.3　强度折减法及其影响因素分析

9.3.1　强度折减法基本原理

利用有限元强度折减法来计算边坡稳定性安全系数，通过引入强度折减系数，将强度

退化或失效考虑在分析中。在传统的有限元分析中，材料的强度通常是一个常数，不考虑其退化或失效的影响。但在实际问题中，材料可能会在受载过程中出现损伤、破坏或塑性变形等现象，导致其强度退化。

$$\begin{cases} c_m = \dfrac{c}{F_r} \\ \varphi_m = \tan^{-1}\left(\dfrac{\tan\varphi}{F_r}\right) \end{cases} \tag{9-4}$$

式中：c——材料提供最大黏聚力；

φ——材料提供最大内摩擦角；

c_m——材料实际发挥的黏聚力；

φ_m——材料实际发挥的内摩擦角；

F_r——折减系数。

9.3.2 强度折减法影响因素

本节采用 Dawson 等人分析的均质土坡为案例。首先采用 GeoStudio 2018 软件中 SLOPE/W 边坡稳定性分析模块来求解边坡稳定安全系数，其中 SLOPE/W 模块是基于极限平衡法为计算依据的；然后采用 ABAQUS 有限元数值模拟软件基于强度折减法求解安全系数。从而证明出 ABAQUS 有限元软件基于强度折减的精确度。案例参数如图 9-2 所示，其中土体参数分别为内摩擦角 $\varphi = 20°$、黏聚力 $c = 13.38\text{kPa}$、重度 $\gamma = 20\text{kN/m}^3$、弹性模量 $E = 100\text{MPa}$、泊松比 $\nu = 0.35$。

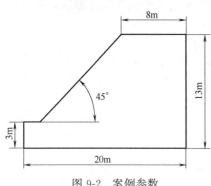

图 9-2 案例参数

基于极限平衡法的边坡稳定性安全系数 $F_s = 1.011$，临界滑动面如图 9-3 所示；基于强度折减法边坡稳定性安全系数 $F_s = 0.99$，临界滑动面如图 9-4 所示。两种方法之间的误差为 2%。

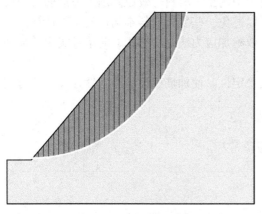

图 9-3 极限平衡法临界滑动面

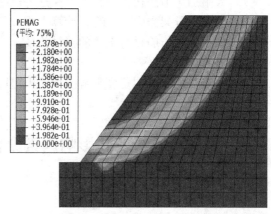

图 9-4 强度折减法临界滑动面

本章从边坡土体材料参数（内摩擦角 φ、黏聚力 c、弹性模量 E、泊松比 ν）等 4 个因素考虑对边坡稳定安全系数的影响。采用控制变量法进行分析研究，保持每次只有一个参数为变量，其他为常数。

（1）内摩擦角对安全系数及滑动面的影响

内摩擦角是岩土体抗剪强度的重要指标之一。可理解为在一定应力水平下，土体颗粒为抵抗剪切破坏所产生的摩擦力。本节在案例基础上只改变内摩擦角的大小，按照内摩擦角 φ 为 16°、18°、20°、22°、24°和 26°的顺序进行分析研究安全系数及滑动面变化规律。

从表 9-1 中可以得出当内摩擦角逐渐增加，边坡稳定安全系数也随之增大，最大相差 0.237；从图中看出当内摩擦角不断增加，边坡滑动面位置逐渐逼近坡顶，形成贯通区（图 9-5）。总体而言内摩擦角对边坡稳定性影响较大。

不同内摩擦角条件下根据特征点位移突变确定安全系数　　　　　表 9-1

内摩擦角 $\varphi/°$	16	18	20	22	24	26
安全系数	0.875	0.908	0.986	1.025	1.082	1.112

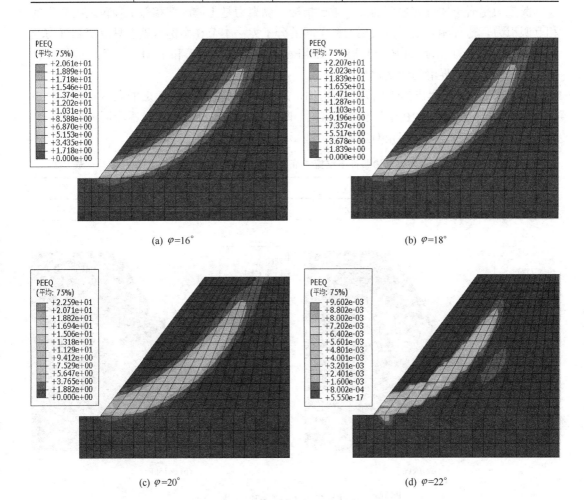

(a) $\varphi=16°$ 　　　　　　　　　(b) $\varphi=18°$

(c) $\varphi=20°$ 　　　　　　　　　(d) $\varphi=22°$

图 9-5　不同内摩擦角影响滑动面位置（一）

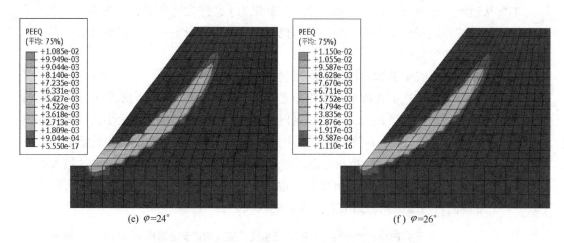

(e) $\varphi=24°$ (f) $\varphi=26°$

图 9-5　不同内摩擦角影响滑动面位置（二）

（2）黏聚力对安全系数及滑动面的影响

黏聚力是岩土体抗剪强度的又一重要指标。黏聚力是土体内部相邻土颗粒之间产生的相互吸引力，这种相互吸引力表现为分子间的分子力。本节在案例基础上只改变黏聚力的大小，按照黏聚力 c 为 10kPa、15kPa、20kPa、25kPa、30kPa 和 35kPa 的顺序进行分析研究安全系数及临界滑动面变化规律。

从表 9-2 中可以得出当黏聚力逐渐增加，边坡稳定安全系数也随之增大，安全系数最大相差 0.931；从图 9-6 中看出当内摩擦角不断增加，边坡滑动面位置逐渐逼近坡顶，形成贯通区。总体而言内摩擦角对边坡稳定性影响较大。

不同黏聚力条件下根据特征点位移突变确定安全系数　　　　　　　　表 9-2

黏聚力 c/kPa	10	15	20	25	30	35
安全系数	0.856	1.095	1.267	1.446	1.625	1.787

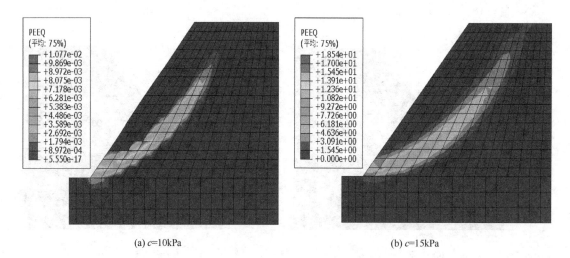

(a) $c=10$kPa   (b) $c=15$kPa

图 9-6　不同黏聚力影响滑动面位置（一）

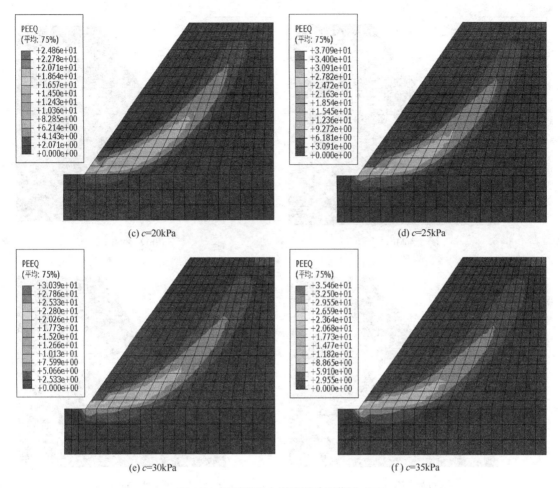

(c) c=20kPa

(d) c=25kPa

(e) c=30kPa

(f) c=35kPa

图9-6　不同黏聚力影响滑动面位置（二）

（3）弹性模量对安全系数及滑动面的影响

弹性模量指材料在弹性范围内正应力与正应变的比值为常数。弹性模量表征为分子间结合力的大小，与材料自身的性质有关。本节在案例基础上只改变弹性模量的大小，按照弹性模量 E 为 40MPa、60MPa、80MPa、100MPa、120MPa 和 140MPa 的顺序进行分析研究安全系数及临界滑动面变化规律。

从表9-3 中得出根据特征点位移突变的评价标准，材料弹性模量对边坡稳定安全系数有一定影响，最大相差 0.006，总体影响较小；从图9-7 中看出当弹性模量不断增加，边坡滑动面位置逐渐逼近坡顶，形成贯通区。

不同弹性模量条件下根据特征点位移突变确定安全系数　　　　　表 9-3

弹性模量 E/MPa	40	60	80	100	120	140
安全系数	0.9861	0.9862	0.9864	0.9865	0.9866	0.9867

（4）泊松比对安全系数及滑动面的影响

泊松比是指当材料在一维应力的作用下横向、纵向均产生应变，此时二者之间的比值

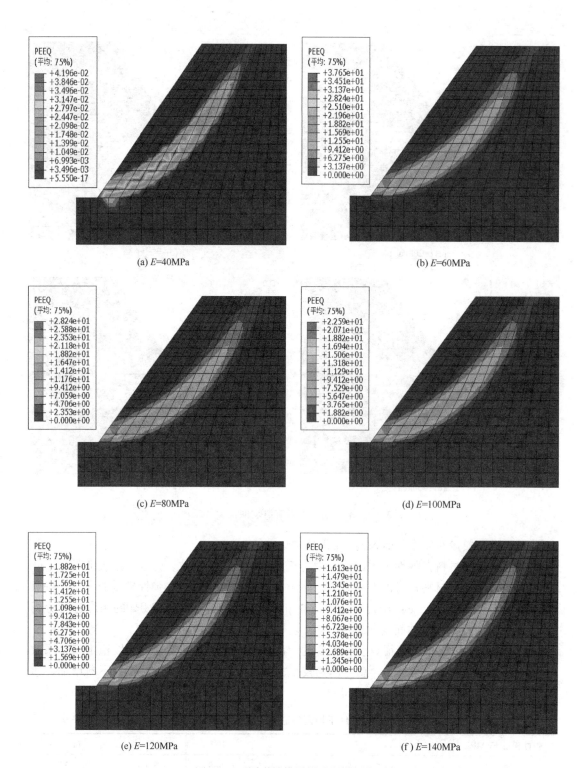

图 9-7　不同弹性模量影响滑动面位置

便是泊松比。本节在案例基础上只改变泊松比的大小，按照泊松比 ν 为 0.2、0.25、0.3、0.35、0.4、0.45 的顺序进行分析研究安全系数及临界滑动面变化规律。

从表 9-4 中得出根据特征点位移突变的评价标准,材料泊松比对边坡稳定安全系数有一定影响,最大相差 0.009,总体影响较小;从图 9-8 中看出当泊松比不断增加,边坡滑动面位置逐渐逼近坡顶,形成贯通区。

强度折减法影响因素中黏聚力和内摩擦角对边坡稳定性安全系数影响显著,弹性模量和泊松比对其影响不明显。

不同泊松比条件下根据特征点位移突变确定安全系数   表 9-4

泊松比 ν	0.2	0.25	0.3	0.35	0.4	0.45
安全系数	0.9462	0.9463	0.9466	0.9467	0.9468	0.9471

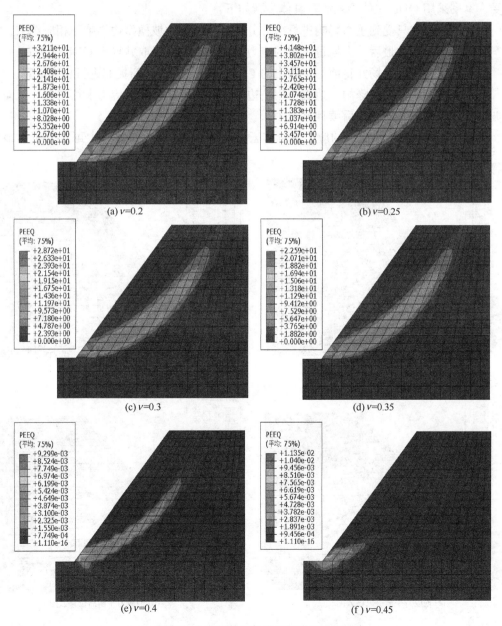

(a) ν=0.2

(b) ν=0.25

(c) ν=0.3

(d) ν=0.35

(e) ν=0.4

(f) ν=0.45

图 9-8 不同泊松比影响滑动面位置

9.3.3 初始地应力平衡

地应力平衡就是要建立一个只有初始应力，却无变形的状态。土体在自然状态下处于有应力状态即初始应力状态，在自然地质演变进程中逐渐处于稳定即零变形状态。边坡工程数值模拟中考虑地应力平衡主要是因为数值模拟分析方法主要以增量分析为主，其次应力与材料属性密切联系，最后地应力平衡是解决动态问题模拟准确性的前提。代汝林等人对 ABAQUS 常用几种地应力平衡方法进行了模拟计算对比，并总结出几种方法的适用条件及优缺点，地应力平衡前后应力保持不变，位移的数量级达到 1×10^{-4}（m）即结果可接受。本书采用 ODB 文件导入法，具体步骤如下：

（1）按照边坡只受到重力影响进行静力分析，同时对边坡模型边界施加相应约束；

（2）将前一步中最后一个增量步中的应力作为初始应力提取并导出 ODB 文件；

（3）创建初始应力场并将前一步导出的 ODB 文件导入，重新提交进行相应计算。

通过以上操作，达到降雨、地震作用下边坡模型计算之前的地应力平衡状态，从而将边坡本身存在的应力添加到后续计算当中。

图 9-9 为地应力平衡前后的应力及位移云图。从图 9-9（a）、（b）中可以分析出地应

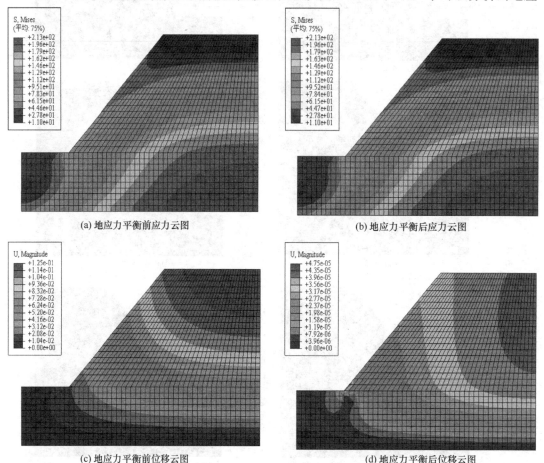

(a) 地应力平衡前应力云图   (b) 地应力平衡后应力云图

(c) 地应力平衡前位移云图   (d) 地应力平衡后位移云图

图 9-9　地应力平衡前后的应力及位移云图

力平衡前后的最大、最小 Mises 应力分别为 213Pa 及 10Pa，应力没有发生变化，应力云图变化微乎其微。根据图 9-9（c）、（d）的分析结果可知，地应力平衡前后的最大位移由 0.125m 降低到 0.0004m，这表明位移下降幅度显著。此外，位移云图的变化也十分明显，显示出地应力平衡的显著效果。综合评估表明，此土层已达到地应力平衡的评价标准。

9.4　本章小结

在本章中，详细介绍了本书所基于项目区域的地质条件、气象条件、水文条件、工程场地条件及地震等工程背景。同时，也据此筛选出了有限元计算分析中所需的数据。

对传统边坡稳定性分析方法进行简要介绍，对比分析介绍了水平瑞典条分法和水平条分简布法在加筋土边坡稳定性分析中的不同之处及其优势。对影响边坡稳定性的内部因素和外部因素及其如何影响边坡稳定性进行详细介绍。对强度折减法基本原理进行了详细介绍，通过案例分析了土体参数对强度折减法计算所得边坡安全系数的影响。

第10章 降雨入渗条件下多级加筋边坡稳定性分析

加筋土边坡稳定性在复杂的自然环境下受到多种因素的影响，降雨是其中最重要的因素之一。本节通过对降雨在加筋土边坡稳定性中的影响因素进行分析研究，探讨了降雨对加筋土边坡稳定性的破坏机理，并通过强度折减法对不同降雨类型、强度影响下边坡稳定性安全系数对比分析。

10.1 数值模型建立

10.1.1 材料本构模型及参数

Mohr-Coulomb 本构模型由于其适用于颗粒材料在单调荷载作用下的力学分析，故广泛应用于岩土工程领域。本书静力分析与动力分析均采用 Mohr-Coulomb 本构模型。

Mohr-Coulomb 模型在 ABAQUS 中的屈服准则以剪切破坏准则为主，其剪切屈服面函数为：

$$F = R_{mc}q - p\tan\varphi - c = 0 \tag{10-1}$$

其中，$\varphi(0°\sim90°)$ 是 q-p 应力面倾角；c 为黏聚力，其相较于传统屈服面塑性具有一定流动方向，计算简便和易收敛的特点。

各土层材料物理力学参数及土工格栅参数如表 10-1 和表 10-2 所示。

土体物理力学参数 表 10-1

土层	天然密度/kN/m³	黏聚力/kPa	内摩擦角/°	弹性模量/MPa	泊松比
回填土	18	22	24	93	0.3
地基土	26	15	70	970	0.25

土工格栅参数 表 10-2

参数	密度/(kN/m³)	黏聚力/kPa	内摩擦角/°	弹性模量/MPa	泊松比	厚度/mm²
土工格栅	10	230	30	2600	0.33	16

10.1.2　模型建立及边界条件

ABAQUS 建模方式有两种：第一种是在 part 模块借助草图工具直接绘制模型、第二种是在 CAD 中画出草图导出 dxf 文件，然后导入 part 模块，最终完成建模。建模后的模型长 426m、高 180m，其中边坡坡高 80m、坡长 126m。模型共分为四级边坡，每级边坡长 30m、高 20m。上下级边坡之间设置马道，马道宽 2m。在每级边坡设置土工格栅，土工格栅铺设长度 50m，上下层格栅间距 1m。由于本模型考虑降雨及雨水入渗，边坡网格设置为四节点平面应变四边形单元（CPE4P），土工格栅网格设置为二节点二维桁架（T2D2）如图 10-1 所示。

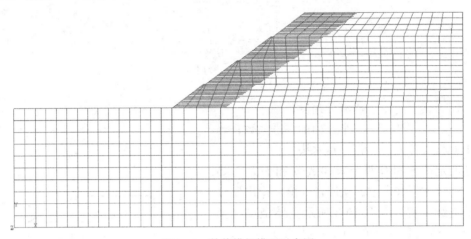

图 10-1　数值模拟模型示意图

模型两侧水平方向被固定约束，底部竖直方向及水平方向被固定约束，坡脚位置处水平面设置为水位线，水位线左右两侧设置为随深度线性增加的静水孔压边界，其余边界设置为不排水边界，创建幅值函数定义降雨强度随时间的变化曲线。

10.2　加筋土边坡降雨渗流基本理论

加筋土边坡降雨过程是一个动态分析过程，主要受时空效应影响。此过程将影响土颗粒之间的分子作用力，改变土体物理力学特性，最终导致土体抗剪强度削弱和滑动力增强。图 10-2 为降雨入渗率随时间变化曲线。降雨入渗一般可以将其分为三个阶段：

（1）初始径流阶段：在开始降雨时，坡体表面通常存在一个非饱和层，这个阶段通常具有较高入渗速率。

（2）主要入渗阶段：降雨持续，水分将进一步渗透入坡体中，形成一个渗透区，此区域土体达到饱和状态。

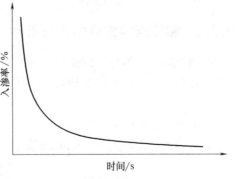

图 10-2　入渗率随时间变化曲线

（3）持续阶段：在这个阶段，入渗速率趋于稳定，水分向下方持续渗透，并在边坡体内形成渗流场。

10.3 达西渗流理论

10.3.1 渗流连续方程

加筋土边坡的土体渗流运动也符合达西定律。达西定律一般表达式如下：

$$\begin{cases} v_x = -k_x \dfrac{\partial H}{\partial x} \\[2mm] v_y = -k_y \dfrac{\partial H}{\partial y} \\[2mm] v_z = -k_z \dfrac{\partial H}{\partial z} \end{cases} \qquad (10\text{-}2)$$

式中 v_x、v_y、v_z——渗流分速度；

     k_x、k_y、k_z——三个方向的渗透系数；

     $H(x、y、z)$——任一点水头。

达西定律方程有两个未知数 v 和 H，需要另一个连续方程来求解。从质量守恒定律出发建立渗流连续方程，取图 10-3 所示土体微单元体 $\mathrm{d}x\mathrm{d}y\mathrm{d}z$，流入和流出单元体总的质量差：

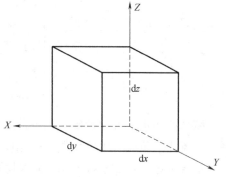

$$-\left[\frac{\partial \rho v_x}{\partial x} + \frac{\partial \rho v_y}{\partial y} + \frac{\partial \rho v_z}{\partial z}\right] \mathrm{d}x\mathrm{d}y\mathrm{d}z\mathrm{d}t \quad (10\text{-}3)$$

式中 $\mathrm{d}x$、$\mathrm{d}y$、$\mathrm{d}z$——微单元边长；

     ρv_x、ρv_y、ρv_z——单位面积的水流质量；

     ρ——液体密度。

图 10-3   土体微单元体渗流示意图

单元内液体随时间的变化：

$$-\left[\frac{\partial \rho v_x}{\partial x} + \frac{\partial \rho v_y}{\partial y} + \frac{\partial \rho v_z}{\partial z}\right] \mathrm{d}x\mathrm{d}y\mathrm{d}z = \frac{\partial[\rho n \mathrm{d}x\mathrm{d}y\mathrm{d}z]}{\partial t} \qquad (10\text{-}4)$$

式中 n——土体孔隙率。

10.3.2 渗流连续方程的定解条件

第一类边界条件为（Dirichlet 条件），一般是需要给定水头边界。边界上某一部分各点的每时刻水头值已知，如地表水体等。可表示为：

$$H(x、y、z、t) = h\,|_{S_1} \qquad (10\text{-}5)$$

其中 S_1 为水头集合。

第二类边界条件为（Neumann 条件），给定流量边界。可表示为：

$$k\frac{\partial H}{\partial x}\Big|_{S_2} = -v_n \qquad (10\text{-}6)$$

式中 S_2——流速边界集合。

第三类边界条件为混合边界，可表示为：

$$\frac{\partial H}{\partial x}+aH=b \tag{10-7}$$

10.4　不同降雨类型对边坡稳定性的影响

本章将对多级黄土加筋填方边坡降雨进行多种工况模拟，在边坡表面取 a、b、c、d、e 五个特征点（图 10-4）。研究降雨类型、降雨强度对其稳定性的影响。

降雨强度分为 0.01m/h、0.015m/h 和 0.02m/h 三种强度进行模拟。

降雨类型分为前峰型、中峰型和后峰型（图 10-5）：

（1）前峰型（A 型）：降雨从开始到达峰值进展迅速，之后维持峰值 24h，最后降雨缓慢停止；

（2）中峰型（B 型）：降雨从开始达到峰值经历一段时间，之后维持峰值 24h，从峰值到停止所用时间与开始到峰值所用时间相同；

（3）后峰型（C 型）：降雨从开始达到峰值所用时间缓慢，之后维持峰值 24h，最后降雨迅速停止。

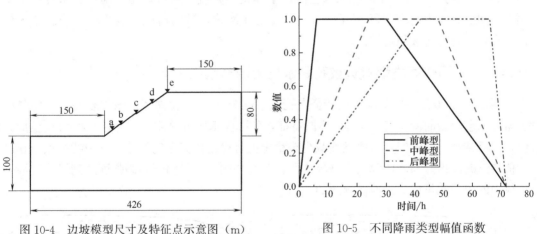

图 10-4　边坡模型尺寸及特征点示意图（m）　　　　图 10-5　不同降雨类型幅值函数

本节将对不同降雨类型作用下多级黄土加筋填方边坡降雨进行多种工况模拟。取 0.015m/h 为相同的降雨强度，分别对前峰型、中峰型和后峰型三种降雨类型对比分析，总结其对边坡稳定性安全系数、孔隙水压力、位移等因素的影响及其边坡破坏失稳机理。

10.4.1　不同降雨类型对边坡稳定系数的影响

当降雨强度为 0.015m/h 时，分别对前峰型、中峰型和后峰型三种降雨类型下降雨总时长为 72h 的边坡稳定性安全系数进行分析：每隔 6h 计算一次安全系数，研究降雨类型对边坡稳定安全系数的影响（图 10-6）。

在三种降雨类型下，降雨初始安全系数均为 $F_s=1.134$ 即降雨时间为 0h 的安全系数 $F_s=1.134$。当降雨时长为 72h 后三种降雨类型下安全系数均下降，分别为前峰型（A 型）降雨安全系数 $F_s=1.083$；中峰型（B 型）降雨安全系数 $F_s=1.075$；后峰型（C

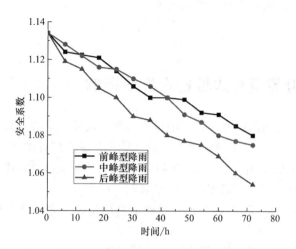

图 10-6 不同降雨类型作用下安全系数-降雨时间变化曲线

型）降雨安全系数 $F_s = 1.054$。72h 后三种类型降雨下边坡稳定性安全系数分别下降 4.497%、5.203%、7.053%，呈现安全系数 F_s（前峰型）大于 F_s（中峰型）大于 F_s（后峰型）趋势。这是由于降雨入渗会降低土体抗剪强度，从微观角度雨水入渗破坏了土颗粒之间的摩擦力与分子间相互吸引力，使土体液化，进而造成滑坡边坡失稳。总体而言，降雨会降低边坡稳定性。

10.4.2 不同降雨类型对边坡孔隙水压力的影响

图 10-7 为坡面不同降雨类型特征点孔隙水压力-时间变化曲线，图中表明，不同降雨类型下随着降雨时间持续至 72h，不同特征点的孔隙水压力总体呈现先逐步增大直至最大值，然后持续一段时间，最终逐渐减少至稳定值且稳定值高于初始值。其中特征点所在最大值持续时间恰好与不同降雨类型峰值所在时间相同，这是由于降雨强度达到峰值时渗入土体中的单位流量成为定值所导致的。

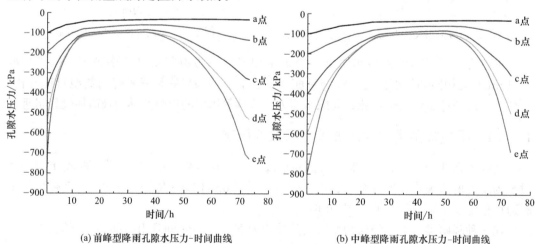

(a) 前峰型降雨孔隙水压力-时间曲线   (b) 中峰型降雨孔隙水压力-时间曲线

图 10-7 不同降雨类型特征点孔隙水压力-时间变化曲线（一）

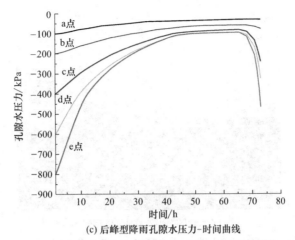

(c) 后峰型降雨孔隙水压力-时间曲线

图 10-7　不同降雨类型特征点孔隙水压力-时间变化曲线（二）

对比分析不同特征点表明，在坡脚区域（a 点）降雨峰值前期较峰值后期孔隙水压力变化大；其余区域峰值前后孔隙水压力变化量逐渐递增。对比分析不同降雨类型都表明孔隙水压力与特征点高度呈正相关。这是由于随着降雨时间持续延长，雨水接触土体后分成两部分。一部分渗入地表成为孔隙水，在重力的加持下沿土体内部孔隙进入更深地层直至坡脚；另一部分未渗入的雨水成为地表径流，沿着坡面流动直至坡脚。综上所述，坡脚由于长时间受孔隙水压力影响，故是边坡降雨中最容易破坏的区域。

对于不同三种降雨类型的孔压结果均可发现，随着降雨时间增大，孔隙水压力也增大，浅层土体基质吸力则减小；在降雨逐渐减小时，孔隙水压力减小，浅层土体基质吸力又随之增大。这与三种降雨类型的降雨幅值函数相吻合。

10.4.3　不同降雨类型对边坡位移的影响

为了进一步研究不同降雨类型对位移场的变化规律，分别就三种降雨类型下总位移、水平位移及竖直位移对比分析并总结其原因。根据图 10-8 降雨 72h 后总位移云图可以得出三种降雨类型分别作用下最大位移均在二三级边坡交接处即卸载平台，其中前峰型（A 型）降雨 72h 的总位移为 0.1199m；中峰型（B 型）降雨 72h 的总位移为 0.1236m；后峰型（C 型）降雨 72h 的总位移为 0.1311m。

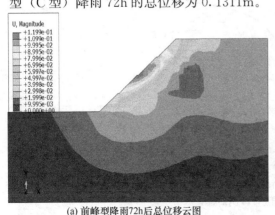

(a) 前峰型降雨72h后总位移云图

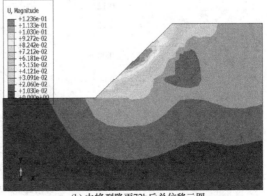

(b) 中峰型降雨72h后总位移云图

图 10-8　不同降雨类型降雨 72h 总位移云图（一）

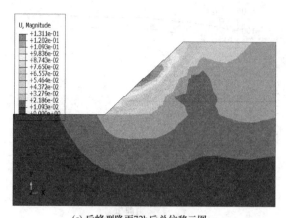

(c) 后峰型降雨72h后总位移云图

图 10-8　不同降雨类型降雨 72h 总位移云图（二）

　　分析对比图 10-9 不同降雨类型特征点总位移-时间曲线，得出边坡总位移的最大值都表现在 c 点边坡中部区域（第二、三级边坡卸载平台处），最小值都表现在 b 点边坡中下部区域（第一、二级边坡卸载平台处）；边坡水平位移的最大值、最小值出现区域与总位

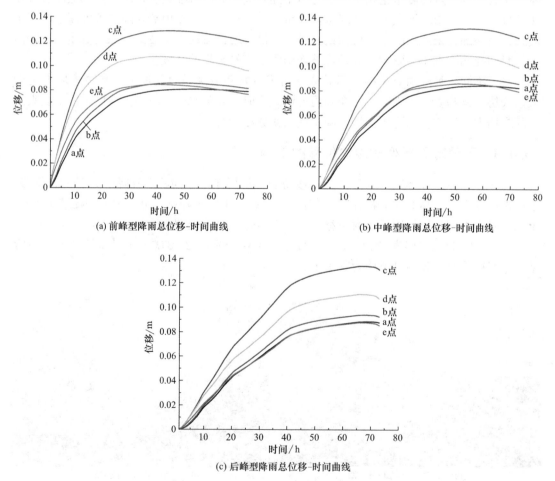

(a) 前峰型降雨总位移-时间曲线　　　　　　　(b) 中峰型降雨总位移-时间曲线

(c) 后峰型降雨总位移-时间曲线

图 10-9　不同降雨类型特征点总位移-时间曲线

移一致（位移值正负与坐标轴方向有关）；边坡竖直位移的最大值都表现在 d 点边坡中上部区域（第三、四级边坡卸载平台处），最小值都表现在 c 点边坡中部区域（第二、三级边坡卸载平台处）。

三种降雨类型下总位移与水平位移都在峰值前急剧增大，到达峰值时开始趋于平缓，随着降雨时间持续增加，总位移缓慢减少直至达到稳定状态。同时，总位移最大值出现时间也与降雨类型峰值出现时间相吻合。这是由于峰值出现前期降雨总量不断积攒、雨水渗入引起土体抗剪强度降低、密度增加最终导致边坡破坏，发生滑坡现象。竖直位移坡脚处出现隆起，边坡破坏面整体下滑，坡脚处挤压导致隆起。

由图 10-10 和图 10-11 可知最大水平位移出现在边坡中部，最大竖直位移出现在 d 点边坡中上部区域（第三、四级边坡卸载平台处）。其中，前峰型降雨最大水平位移为 0.128m、中峰型降雨最大水平位移为 0.131m、后峰型降雨最大水平位移为 0.134m；前峰型降雨最大竖直位移为 0.04m、中峰型降雨最大竖直位移为 0.039m、后峰型降雨最大竖直位移为 0.041m。边坡最大竖直位移没有出现在边坡顶部，是由于长时间降雨，土体基质吸力降低，有效应力有所减小，出现卸载回弹现象。另一方面，随着雨水持续入渗，土体含水率、密度不断增加，导致边坡发生沉降和应力的增加。

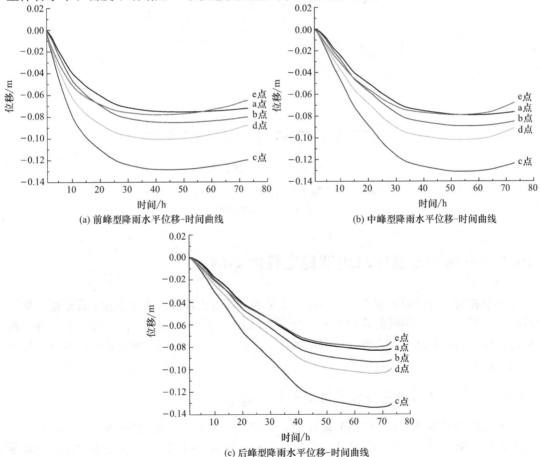

图 10-10　不同降雨类型特征点水平位移-时间曲线

（注：位移正负与坐标轴方向有关）

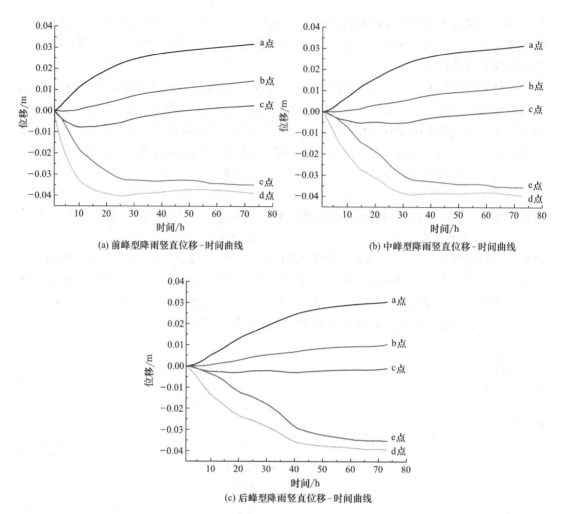

(a) 前峰型降雨竖直位移-时间曲线   (b) 中峰型降雨竖直位移-时间曲线

(c) 后峰型降雨竖直位移-时间曲线

图 10-11   不同降雨类型特征点竖直位移-时间曲线
（注：位移正负与坐标轴方向有关）

10.5   不同降雨强度对边坡稳定性的影响

本节将对不同降雨强度作用下多级黄土加筋高填方边坡降雨进行多种工况模拟。取后峰型（C 型）降雨为相同的降雨类型，分别对 0.01m/h、0.015m/h、0.02m/h 三种降雨强度对比分析，总结其对边坡安全稳定系数、孔隙水压力、位移等因素的影响及其边坡破坏失稳机理。

10.5.1   不同降雨强度对边坡稳定系数的影响

当降雨类型为后峰型（C 型）降雨时，分别对 0.01m/h、0.015m/h、0.02m/h 三种降雨强度下降雨总时长为 72h 的边坡稳定性分析，每隔 6h 计算一次安全系数，研究降雨强度对边坡稳定安全系数的影响。

由图 10-12 可以得出在三种降雨强度作用下，降雨初始安全系数均为 $F_s = 1.134$ 即降雨时间为 0h 的安全系数为 $F_s = 1.134$。当持续降雨 72h 后三种降雨强度安全系数均下降，其中，降雨强度 0.01m/h 安全系数为 $F_s = 1.083$；降雨强度 0.015m/h 安全系数 $F_s = 1.054$；降雨强度 0.02m/h 安全系数 $F_s = 1.03$。降雨 72h 后三种降雨强度作用下边坡稳定安全系数分别下降 4.497%、7.053%、9.172%，降雨强度越大，边坡稳定安全系数下降的速率越大。这是由于降雨强度越大，土体基质吸力与孔隙水压力下降速率越快、土体饱和度增加速率越快，降低抗剪强度的能力越强。

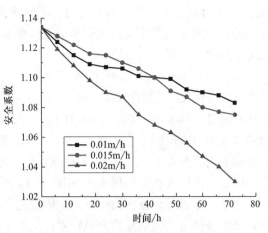

图 10-12　不同降雨强度作用下安全系数-降雨时间变化曲线

10.5.2　不同降雨强度对边坡孔隙水压力的影响

图 10-13 分别为降雨强度 0.01m/h、0.015m/h、0.02m/h 作用下坡面不同特征点孔

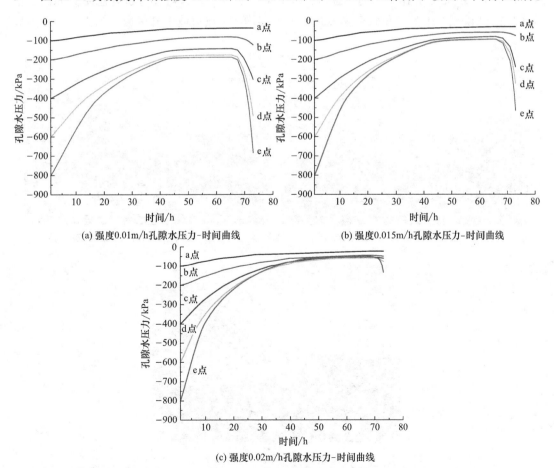

(a) 强度0.01m/h孔隙水压力-时间曲线　　(b) 强度0.015m/h孔隙水压力-时间曲线

(c) 强度0.02m/h孔隙水压力-时间曲线

图 10-13　不同降雨强度特征点孔隙水压力-时间变化曲线

隙水压力-时间变化曲线，图中表明，不同降雨强度下随着降雨时间持续至72h，不同特征点的孔隙水压力总体呈现先逐步增大直至最大值，然后持续一段时间，最终逐渐减少至稳定值且稳定值高于初始值。

对比分析不同特征点的孔隙水压力表明，在坡脚区域（a点）降雨初期较降雨后期的孔隙水压力变化大，尤其在降雨强度为0.02m/h时变化更加突出；其余区域孔隙水压力变化量逐渐递增。当降雨强度为0.01m/h时，特征点d、e处的孔隙水压力趋近—200kPa；当降雨强度为0.015m/h时特征点c、d、e处孔隙水压力趋近—170kPa；当降雨强度增加至0.02m/h时特征点b、c、d、e处孔隙水压力趋近—100kPa，随着降雨强度的增大，土体饱和区域的范围也在随之增大，如图10-13所示各特征点在峰值处的孔隙水压力逐渐趋近。这是由于当降雨强度较小时，土体渗透性较强，相应的孔隙水压力也较大，孔隙水压力在降雨峰值过后的恢复能力也较强；当降雨强度较大时，土体渗透性较小，相应孔隙水压力在峰值过后恢复能力较弱。

10.5.3 不同降雨强度对边坡位移的影响

为了进一步研究不同降雨强度对位移场的变化规律，分别就降雨强度为0.01m/h、0.015m/h、0.02m/h作用下的总位移、水平位移及竖直位移对比分析并总结其原因。根据图10-14降雨72h后总位移云图发现最大位移均在c点边坡中部区域（第二、三级边坡

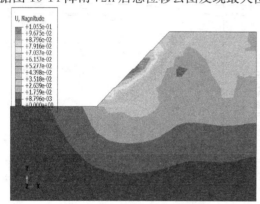 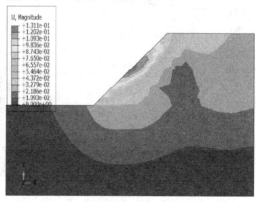

(a) 强度0.01m/h降雨72h后总位移云图 (b) 强度0.015m/h降雨72h后总位移云图

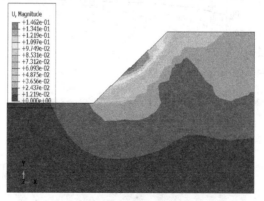

(c) 强度0.02m/h降雨72h后总位移云图

图 10-14 不同降雨强度降雨72h中位移云图

卸载平台处），其中降雨强度为 0.01m/h 降雨时长 72h 的总位移为 0.1055m；降雨强度为 0.015m/h 降雨时长 72h 的总位移 0.1311m；降雨强度为 0.02m/h 降雨时长 72h 的总位移为 0.1462m。

在三种降雨强度作用下的位移总体呈现降雨初期增长迅速，达到最大降雨强度后逐渐趋于平缓并持续一定时间，最终缓慢减少直至稳定降雨结束。降雨强度 0.01m/h 时总位移最大为 0.1114m，降雨强度 0.02m/h 时总位移最大为 0.1463m，降雨强度最大值较降雨强度最小值总位移增长了 31.33%（图 10-15）。降雨强度越大随着降雨时间的持续降雨总量不断积攒、雨水入渗的区域越深，就对边坡土体力学性能的破坏能力越强，导致抗剪强度衰减，主要表现在内摩擦角和黏聚力的不断减小。

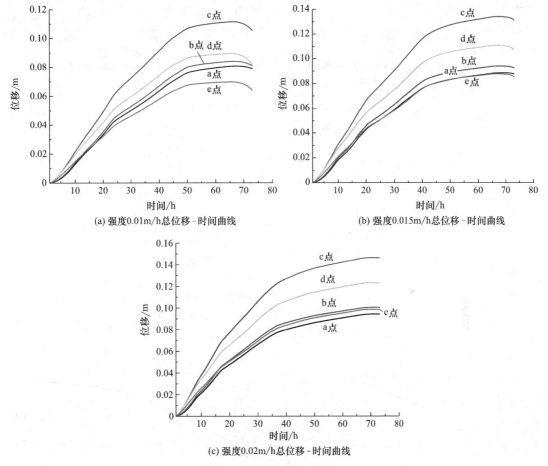

图 10-15　不同降雨强度特征点总位移-时间曲线

由图 10-16 和图 10-17 可知最大水平位移出现在边坡中部，最大竖直位移出现在 d 点边坡中部区域（第三、四级边坡卸载平台处）。其中，降雨强度为 0.01m/h 最大水平位移为 0.111m；降雨强度为 0.015m/h 最大水平位移为 0.134m；降雨强度为 0.02m/h 最大水平位移为 0.146m，降雨强度为 0.01m/h 最大竖直位移为 0.03m；降雨强度为 0.015m/h 最大竖直位移为 0.039m；降雨强度为 0.02m/h 最大竖直位移为 0.046m。边坡最大竖直位移没有出现在边坡顶部，是由于长时间降雨，土体基质吸力降低，有效应力有所减小，出现卸载回弹现象。另一方面，随着雨水持续入渗，土体含水率、密度不断增加，导致边坡发生沉降和应力的增加。

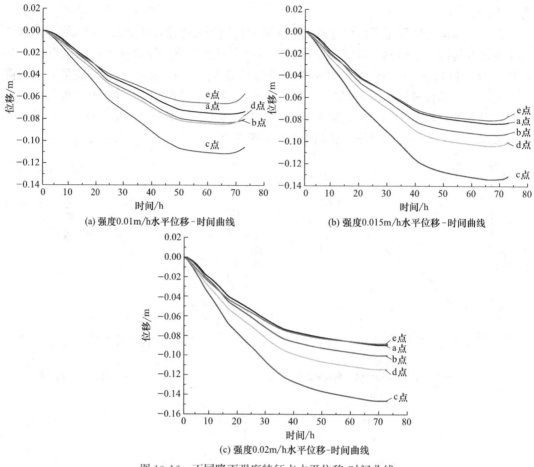

(a) 强度0.01m/h水平位移-时间曲线

(b) 强度0.015m/h水平位移-时间曲线

(c) 强度0.02m/h水平位移-时间曲线

图 10-16　不同降雨强度特征点水平位移-时间曲线

(注：位移正负与坐标轴方向有关)

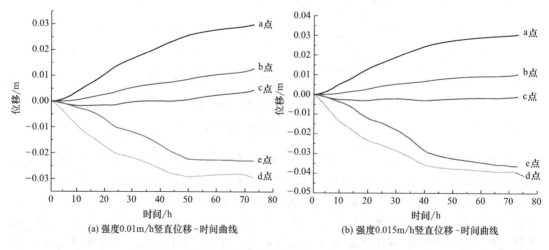

(a) 强度0.01m/h竖直位移-时间曲线

(b) 强度0.015m/h竖直位移-时间曲线

图 10-17　不同降雨强度特征点竖直位移-时间曲线 (一)

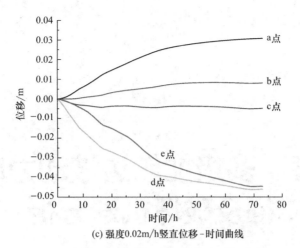

(c) 强度0.02m/h竖直位移 - 时间曲线

图 10-17　不同降雨强度特征点竖直位移-时间曲线（二）

（注：位移正负与坐标轴方向有关）

不同降雨强度主要影响边坡中部区域的水平位移和坡脚区域的竖直位移。坡脚处的竖直位移最大导致坡脚处出现隆起，边坡破坏面整体下滑，坡脚处挤压导致隆起。边坡顶部出现卸载回弹现象，这是由于长时间降雨，土体基质吸力降低，有效应力有所减小。

10.6　本章小结

本章通过 ABAQUS 有限元软件建立降雨入渗作用下多级加筋黄土填方边坡，并对其在不同降雨类型和不同降雨强度下的孔隙水压力、位移、边坡稳定安全系数进行数值模拟计算及影响分析。本章从以下几个方向分析并得出结论：

（1）介绍了本章模型静力分析时所选用的本构模型以及模型建立的参数和边界条件，详细阐述了达西渗流连续方程以及连续方程的定解条件。

（2）在不同降雨类型条件下边坡稳定安全系数总体都呈现下降趋势，尤其后峰型降雨使得安全系数下降速率较大；三种降雨类型都表明坡脚区域由于长时间受孔隙水压力影响，故是边坡降雨中最容易破坏的区域；研究发现不同降雨类型下边坡总位移均在 c 点边坡中部区域（第二、三级边坡卸载平台处）达到峰值，水平位移和竖直位移的变化规律与总位移相似，在峰值前急剧增大，到达峰值后开始趋于平缓。

（3）降雨强度越大，边坡稳定安全系数下降的速率越大，由于降雨强度越大，土体基质吸力与孔隙水压力下降速率越快、土体饱和度增加速率越快，降低抗剪强度的能力越强；随着降雨强度的增大，土体饱和区域的范围也持续增大，各特征点在峰值处的孔隙水压力逐渐趋近；各位移总体呈现降雨初期增长迅速，达到最大降雨强度后逐渐趋于平缓并持续一定时间，最终缓慢减少直至稳定降雨结束，形成永久位移。

第11章　多级加筋边坡动力响应特征及破坏机理分析

为了研究地震作用下土工格栅对多级加筋黄土填方边坡稳定性问题，就必须对边坡进行动力响应特征及其变化规律分析。动力响应主要是对加速度、速度、位移进行时程分析及频谱分析等。动力响应分析如果单独分析频域或时域只能反映部分影响因素，并不能充分反应地震对多级加筋黄土填方边坡破坏的影响。因此，只有二者相互结合分析才可弥补其单独分析的不足。本章将对有-无土工格栅边坡包括沿坡面向上、沿坡体竖直向上特征点进行加速度、位移时程分析及频谱分析。

11.1　加筋土边坡地震动输入及边界条件

11.1.1　地震动输入

本章利用 ABAQUS 有限元软件模拟加筋土边坡动力响应分析，通过 MATLAB 将地震动转化为各边界单元节点的等效荷载，并添加动力隐式分析步。在进行动力分析时，采用 EL-Centro 波，地震波持时为 40s。调幅后水平加速度时程曲线如图 11-1 所示。

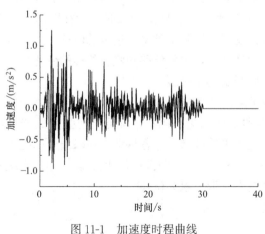

图 11-1　加速度时程曲线

11.1.2　边界条件

在模型两侧及底部施加黏弹性边界，黏弹性边界的实质是在边界每个单元节点上施加并联的弹簧和阻尼。它与黏性边界相比具有更多优势，不仅可以有效吸收反射到边界上的散射波能量，同时避免了高频失稳和低频整体漂移的问题。黏弹性边界具有更好的性能，可以更准确地模拟实际动力响应，这种边界条件提供了更加稳定和准确的动力分析结果。具体公式如下：

$$\begin{cases} K_{BT} = \alpha_T \dfrac{G}{R}, C_{BT} = \rho C_S \\[3mm] K_{BN} = \alpha_N \dfrac{G}{R}, C_{BN} = \rho C_P \end{cases} \tag{11-1}$$

$$G = \frac{E}{2(1+\nu)} \tag{11-2}$$

$$C_S = \sqrt{\frac{G}{\rho}} = \sqrt{\frac{E}{2\rho(1+\nu)}} \tag{11-3}$$

$$C_P = \sqrt{\frac{\lambda + 2G}{\rho}} = \sqrt{\frac{E(1-\nu)}{\rho(1+\nu)(1-2\nu)}} \tag{11-4}$$

式中　K_{BT}、K_{BN}——为切向、法向弹簧刚度系数；

　　　C_{BT}、C_{BN}——为切向、法向弹簧阻尼系数；

　　　α_T、α_N——为修正系数（$\alpha_T = 0.5$，$\alpha_T = 1$）；

　　　R——为波源到黏弹性边界的距离；

　　　ρ、G——为土体密度和剪切模量；

　　　C_S、C_P——为土体剪切波速和纵波波速；

　　　E、ν——为土体弹性模量和泊松比。

ABAQUS 常见的材料阻尼有三种：

（1）Rayleigh（瑞利）阻尼有两种分别为 Alpha 和 Beta：

Alpha 为阻尼中的与质量相关的比例系数 α_R；

Beta 为阻尼中的与质量相关的比例系数 β_R。

可表达为：

$$[C] = \alpha_R[M] + \beta_R[K] \tag{11-5}$$

式中：$[C]$、$[M]$、$[K]$ 为阻尼矩阵、质量矩阵、刚度矩阵。

（2）Composite：计算模态复合阻尼时的临界阻尼比。

（3）Structural：虚刚度阻尼系数。

11.2　有-无土工格栅坡面动力响应分析

11.2.1　坡面水平加速度及其频谱特性分析

为了研究方便，引入加速度放大系数（PGA），加速度放大系数（PGA）是指边坡特征点 A 动力响应加速度峰值与不同高度处边坡动力响应加速度峰值的比值。加速度放大系数（PGA）的变化趋势可表达加速度的变化规律。将坡脚特征点 A 定位基准是为了更准确地描述坡面加速度动力响应变化规律。沿坡面等距取特征点 A、B、C、D、E 且特征点之间竖直相距 20m，如图 11-2 所示。并提取加速度峰值绝对值计算加速度放大系数，如表 11-1 所示。图 11-3 为有-无土工格栅坡面特征点水平加速度放大系数关系。

$$f = \frac{a_i}{a_1} \tag{11-6}$$

式中　f——加速度放大系数；

　　a_i——某高度加速度峰值绝对值；

　　a_1——特征点 A 加速度峰值绝对值。

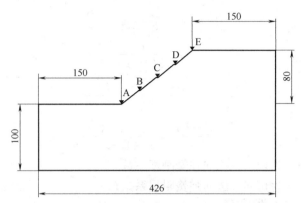

图 11-2　边坡模型尺寸及坡面特征点示意图（m）

各特征点有-无格栅坡面水平加速度峰值及加速度放大系数　　　　表 11-1

特征点相对高度/m	0m (A)	20m (B)	40m (C)	60m (D)	80m (E)
无格栅水平加速度峰值/(m/s^2)	1.76	1.79	1.51	1.87	2.22
无格栅水平加速度放大系数（PGA）	1	1.02	0.86	1.06	1.26
有格栅水平加速度峰值/(m/s^2)	1.44	1.78	1.33	1.93	2.29
有格栅水平加速度放大系数（PGA）	1	1.24	0.92	1.34	1.59

从图 11-4 不难发现边坡添加土工格栅与未添加土工格栅在不同坡面特征点的水平加速度峰值沿边坡高度的增加逐渐先增大后减小再增大，总体呈现坡面各特征点水平加速度放大趋势。从坡面特征点水平加速度放大系数（PGA）发现，加筋边坡水平加速度 PGA 最大值为 1.59，出现在坡顶处；最小值出现在 0.5 倍坡高处即第 2 级与第 3 级边坡之间的局部凹陷处（卸载平台），最小值为 0.92。未加筋边坡水平加速度 PGA 最大值为 1.26，出现在坡顶处；最小值出现在 0.5 倍坡高处即第 2 级与第 3 级边坡之间的局部凹陷处（卸载平台），最小值为 0.86。加筋土边坡与未加筋土边坡水平加速度放大系数（PGA）出现突变的位置均在坡中部区域，这种现象与土体的非线性有关。

从图 11-4 坡面特征点水平加速度峰值-高度曲线发现，未添加土工格栅边坡坡面特征点 A 水平加速度峰值为 $1.76m/s^2$，峰值出现时间为 3.5s；特征点 B 水平加速度峰值为 $1.79m/s^2$，峰值出现时间为 3.12s；特征点 C 水平加速度峰值为 $1.51m/s^2$，峰值出现时间为 2.4s；特征点 D 水平加速度峰值为 $1.87m/s^2$，峰值出现时间为 3.96s；特征点 E 水平加速度峰值为 $2.22m/s^2$，峰值出现时间为 4.68s。添加土工格栅边坡特征点 A 水平加速度峰值为 $1.44m/s^2$，峰值出现时间为 2.88s；特征点 B 水平加速度峰值为 $1.78m/s^2$，峰值出现时间为 3.12s；特征点 C 水平加速度峰值为 $1.33m/s^2$，峰值出现时间为 2.4s；特征点 D 水平加速度峰值为 $1.93m/s^2$，峰值出现时间为 3.44s；特征点 E 水平加速度峰值为 $2.29m/s^2$，峰值出现时间为 3.54s。前 3 级边坡未添加土工格栅边坡水平加速度峰值始终比添加土工格栅边坡水平加速度峰值大，第 4 级边坡添加土工格栅边坡水平加速度峰值比未添加土工格栅边坡水平加速度峰值大。这说明土工格栅对地震波有一定减震作用，同时坡面水平加速度峰值随边坡高度有一定滞后性。在动力分析有-无土工格栅边坡数值模拟结果后得到特征点水平加速度时程曲线，如图 11-5 所示。

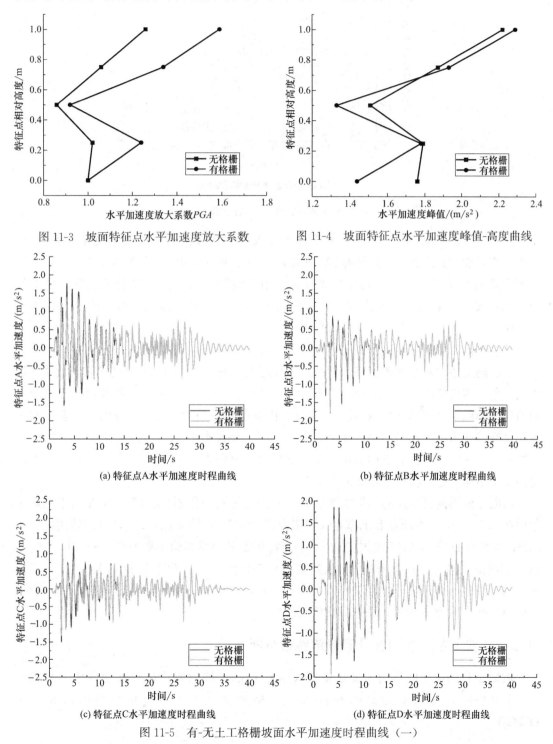

图 11-3　坡面特征点水平加速度放大系数　　图 11-4　坡面特征点水平加速度峰值-高度曲线

(a) 特征点A水平加速度时程曲线　　　　　　(b) 特征点B水平加速度时程曲线

(c) 特征点C水平加速度时程曲线　　　　　　(d) 特征点D水平加速度时程曲线

图 11-5　有-无土工格栅坡面水平加速度时程曲线（一）

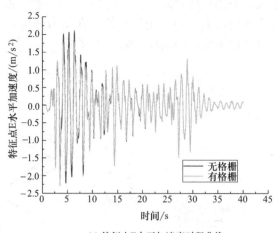

(e) 特征点E水平加速度时程曲线

图 11-5 有-无土工格栅坡面水平加速度时程曲线（二）

根据弹性波散射理论，当 SV 波沿着垂直入射到达坡面时，会发生波场分裂现象。简而言之，SV 波会分解为反射的 SV 波和转换波 P 波（即由 SV 波转换而来的波）。这些不同类型的波相互作用，最终形成复杂的地震波场。由于这种复杂的地震波叠加效应，导致坡面水平加速度峰值在靠近坡顶时急剧增大，最终使地震波的能量在这些区域集中。

从沿坡面不同特征点的水平加速度时程曲线可以看出：特征点 A 在持时为 2.5～5s时，未加筋土边坡水平加速度峰值显著大于加筋土坡，加筋后水平加速度峰值比未加筋边坡水平加速度峰值减小 18.5％；特征点 B 在持时为 2.5～7.5s 时，加筋后水平加速度峰值比未加筋水平加速度峰值减小 0.76％；特征点 C 在持时为 2.5～8s 时，加筋后水平加速度峰值比未加筋水平加速度峰值减小 12.1％；特征点 D 与特征点 E 在峰值持时内未加筋水平加速度峰值略低于加筋水平加速度峰值，分别为 $0.063m/s^2$、$0.075m/s^2$。由此得出土工格栅对地震波有一定放缩作用。

从沿坡面不同特征点的水平加速度傅里叶频谱分析可以看出：特征点 A 的卓越频率集中在 0.5～4Hz；特征点 B 的卓越频率集中在 1～3Hz；特征点 C 的卓越频率集中在 1～3Hz；特征点 D 的卓越频率集中在 1～2Hz；特征点 E 的卓越频率集中在 1～1.8Hz。特征点 C 到特征点 D 频谱值上涨最大，且特征点 C 与特征点 D 在频率为 1-1.8Hz 这个频段内谱值放大较多。坡面水平加速度傅里叶频谱谱值从特征点 A 到特征点 C 谱值逐渐减小，随后至特征点 E 逐渐增大，总体呈现放大趋势（图 11-6）。

11.2.2 坡面竖直加速度及其频谱特性分析

坡面竖直加速度同样引入加速度放大系数 PGA，坡面各特征点加速度放大系数与4.2.1 节相同。表 11-2 为提取的有-无土工格栅竖直加速度峰值绝对值及放大系数 PGA。

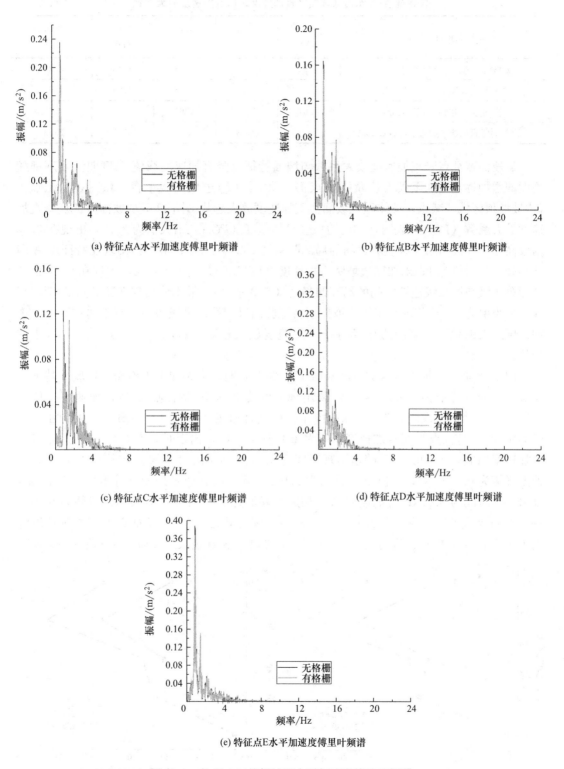

(a) 特征点A水平加速度傅里叶频谱

(b) 特征点B水平加速度傅里叶频谱

(c) 特征点C水平加速度傅里叶频谱

(d) 特征点D水平加速度傅里叶频谱

(e) 特征点E水平加速度傅里叶频谱

图 11-6　有-无土工格栅坡面水平加速度傅里叶频谱

各特征点有-无格栅坡面竖直加速度峰值及加速度放大系数　　　　表 11-2

特征点相对高度/m	0m (A)	20m (B)	40m (C)	60m (D)	80m (E)
无格栅竖直加速度峰值/(m/s²)	0.66	1.74	1.88	3.15	2.39
无格栅竖直加速度放大系数(PGA)	1	2.64	2.86	4.76	3.63
有格栅竖直加速度峰值/(m/s²)	0.64	1.72	1.60	2.42	1.50
有格栅竖直加速度放大系数(PGA)	1	2.68	2.49	3.77	2.33

　　从坡面特征点竖直加速度放大系数与坡面特征点竖直加速度峰值-高度曲线发现都随高度的增加逐步增加至最大值及特征点 D（第 3、4 级边坡卸载平台）然后在特征点 E（边坡坡顶区域）减小，总体呈现坡面竖直加速度放大趋势。图 11-7 从坡面特征点竖直加速度放大系数（PGA）表明，加筋边坡竖直加速度（PGA）最大值为 3.77，出现在 0.75 倍坡高即第 3 级与第 4 级边坡之间的局部凹陷处（卸载平台）；最小值出现在特征点 A 即坡脚处，最小值为 1。未加筋边坡竖直加速度（PGA）最大值为 4.76，出现在 0.75 倍坡高即第 3 级与第 4 级边坡之间的局部凹陷处（卸载平台）；最小值出现在特征点 A 即坡脚处，最小值为 1。这与现有多级边坡振动台试验结果相符：多级边坡具有沿边坡高度出现加速度放大的效果，多级边坡各特征点加速度放大系数（PGA）呈现先增大再减小的趋势。

　　图 11-8 坡面特征点竖直加速度峰值-高度曲线表明，未添加土工格栅边坡坡面特征点 A 竖直加速度峰值为 0.66m/s²，峰值出现时间为 2.98s；特征点 B 竖直加速度峰值为 1.74m/s²，峰值出现时间为 3.32s；特征点 C 竖直加速度峰值为 1.88m/s²，峰值出现时间为 4.66s；特征点 D 竖直加速度峰值为 3.15m/s²，峰值出现时间为 4.44s；特征点 E 竖直加速度峰值为 2.39m/s²，峰值出现时间为 4.92s。添加土工格栅边坡特征点 A 竖直加速度峰值为 0.64m/s²，峰值出现时间为 2.98s；特征点 B 竖直加速度峰值为 1.72m/s²，峰值出现时间为 3.32s；特征点 C 竖直加速度峰值为 1.60m/s²，峰值出现时间为 6.04s；特征点 D 竖直加速度峰值为 2.42m/s²，峰值出现时间为 3.32s；特征点 E 竖直加速度峰值为 1.50m/s²，峰值出现时间为 3.38s。未添加土工格栅边坡竖直加速度峰值始终比添加

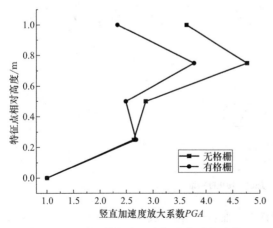

图 11-7　坡面特征点竖直加速度放大系数

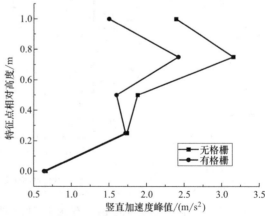

图 11-8　坡面特征点竖直加速度峰值-高度曲线

土工格栅边坡竖直加速度峰值大，同时表明特征点 E 相对于特征点 A 竖直加速度峰值随边坡高度有一定滞后性。这是由于坡面存在卸载平台导致边坡出现局部凹陷，形成复杂反射面，进而影响地震波反射方向。

从沿坡面不同特征点的竖直加速度时程曲线可以看出：特征点 A 在持时为 3-5s 时，未加筋土边坡竖直加速度峰值显著大于加筋土边坡，加筋后竖直加速度峰值比未加筋边坡竖直加速度峰值减小 2.6%；特征点 B 在持时为 2.5～5s 时，加筋后竖直加速度峰值比未加筋竖直加速度峰值减小 1.2%；特征点 C 在持时为 2.5～4.5s 时，加筋后竖直加速度峰值比未加筋竖直加速度峰值减小 15.1%；特征点 D 在持时为 2.5～8s 时，加筋后竖直加速度峰值比未加筋竖直加速度峰值减小 23%；特征点 E 在持时为 3～8.5s 时，加筋后竖直加速度峰值比未加筋竖直加速度峰值减小 37.4%。从特征点 A 到特征点 E 表明土工格栅对竖直加速度的过滤随边坡高度的增加越发明显（图 11-9）。

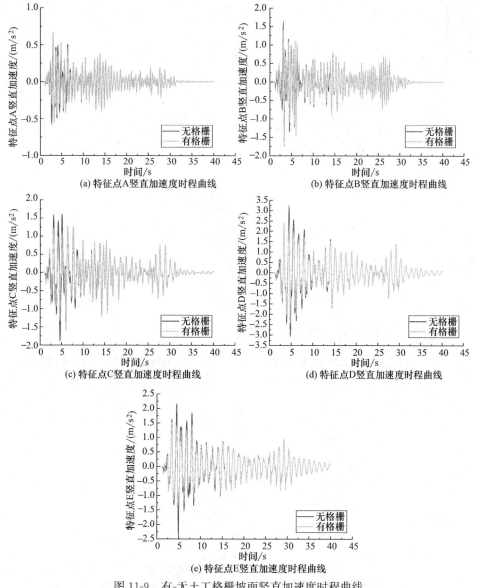

图 11-9　有-无土工格栅坡面竖直加速度时程曲线

从沿坡面不同特征点的竖直加速度傅里叶频谱分析表明：特征点 A 的卓越频率集中在 1～2Hz；特征点 B 的卓越频率集中在 1～3Hz；特征点 C 的卓越频率集中在 1～1.25Hz；特征点 D 的卓越频率集中在 1～3Hz；特征点 E 的卓越频率集中在 1～2Hz。特征点 C 到特征点 D 频谱值上涨最大，且频率为 0.5～1Hz 这个频段内谱值放大较多。未加筋边坡竖直加速度傅里叶频谱最大谱值一直大于加筋边坡竖直加速度傅里叶频谱最大谱值。坡面竖直加速度傅里叶频谱谱值从特征点 A 到特征点 D 谱值逐渐最大，随后至特征点 E 逐渐减小，总体呈现放大趋势。由于土体阻尼特性影响，竖直加速度峰值应该沿边坡高度的增加逐渐递减，但频谱分析结果表明阻尼特性只对地震波中的低频部分具有放大作用，其他高频部分出现衰减现象（图 11-10）。

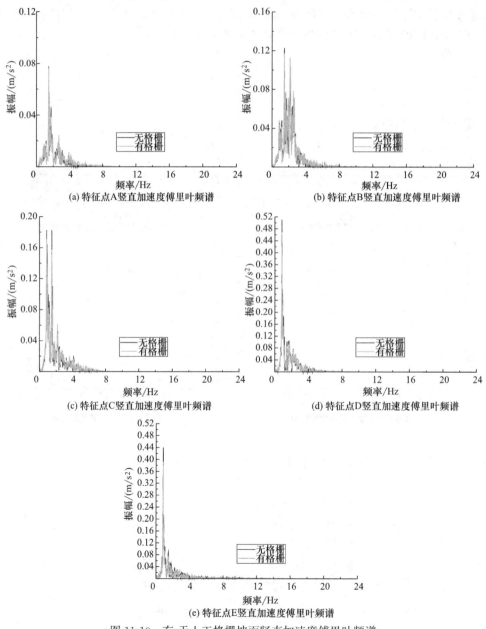

图 11-10　有-无土工格栅坡面竖直加速度傅里叶频谱

11.2.3　坡面水平位移动力响应分析

为了便于分析有-无土工格栅边坡坡面不同特征点水平位移的变化规律，分析水平位移时程曲线和坡面特征点水平位移峰值的变化规律就显得十分重要。

图 11-11 记录了坡面各特征点水平位移峰值与边坡高度之间的变化规律。有-无格栅边坡坡面水平位移两种曲线变化规律基本一致，各特征点水平位移峰值随边坡高度逐渐增大至特征点 D，然后下降至特征点 E，总体呈现先增大再减小的趋势，无格栅边坡坡面水平位移始终大于有格栅边坡坡面水平位移。其中坡面水平位移最大值无格栅边坡为 2.33m、有格栅边坡为 2.11m，二者最大值出现位置均在 0.75 倍坡高即第 3 级与第 4 级边坡之间的局部凹陷处（卸载平台），边

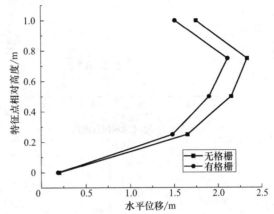

图 11-11　坡面特征点水平位移峰值-高度曲线

坡添加土工格栅后最大坡面水平位移减小 9.6%。

图 11-12 为坡面各特征点水平位移时程曲线，可以发现坡面各特征点水平位移随时间波动变化。在水平位移随时间变化的过程中无格栅边坡水平位移始终大于有格栅水平位移，二者变化趋势相一致。其中特征点 B 到 E 第 10s 无格栅边坡坡面水平位移分别为 0.67m、0.93m、1.10m、0.75m；有格栅边坡坡面水平位移分别为 0.56m、0.78m、0.91m、0.65m，第 40s 无格栅边坡坡面水平位移分别为 1.60m、2.13m、2.33m、1.76m；有格栅边坡坡面水平位移分别为 1.47m、1.95m、2.10m、1.62m，表明各级边坡卸载平台坡面水平位移随边坡高度呈现放大趋势。特征点 A 位于坡脚位置坡面水平位移始终处于弹性阶段。各特征点水平位移随时间不断积累，地震对边坡水平位移影响较显著，地震持时越长对边坡坡面破坏越严重。各特征点坡面水平位移时程曲线变化可分弹性振动阶段、增长阶段、稳定阶段，这与张彬的研究成果相吻合，同时也证明本书分析结果的正确性。

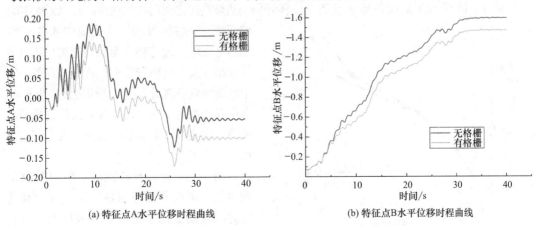

(a) 特征点A水平位移时程曲线　　　　　　(b) 特征点B水平位移时程曲线

图 11-12　坡面水平位移时程曲线（一）

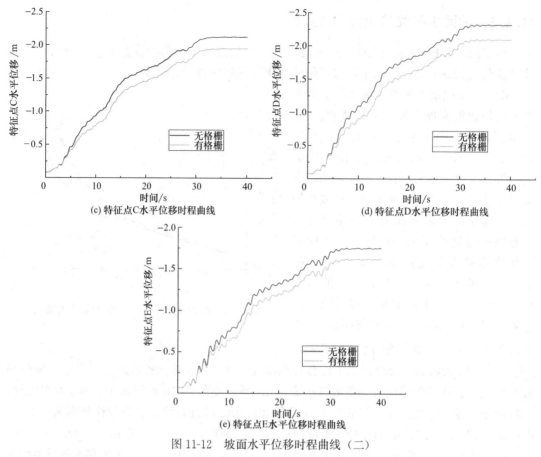

(c) 特征点C水平位移时程曲线　　(d) 特征点D水平位移时程曲线

(e) 特征点E水平位移时程曲线

图 11-12　坡面水平位移时程曲线（二）

（注：位移正负与坐标轴方向有关）

11.2.4　坡面竖直位移动力响应分析

　　分析研究有-无土工格栅边坡坡面不同特征点竖直位移的变化规律，是判断边坡在地震作用下坡面发生竖向沉降变化的依据之一。

　　图 11-13 记录了坡面各特征点竖直位移峰值与边坡高度之间的变化规律。有-无格栅边坡坡面竖直位移两种曲线变化规律基本一致，总体呈现增大的趋势，无格栅边坡坡面竖直位移始终大于有格栅边坡坡面竖直位移。其中坡面竖直位移最大值无格栅边坡为 1.63m、有格栅边坡为 1.51m，二者最大值均出现在坡顶，边坡添加土工格栅后最大坡面竖直位移减小 7.9%。

　　图 11-14 为坡面各特征点竖直位移时程曲线，可以发现坡面各特征点竖直位移随时间波动变化且无格栅边坡坡面竖直位移始终大于有格栅边坡坡面竖直位移，二

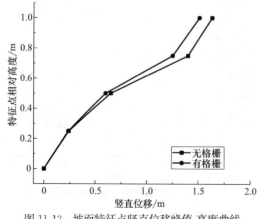

图 11-13　坡面特征点竖直位移峰值-高度曲线

者变化趋势相一致。其中特征点 B 到 E 第 10s 无格栅边坡坡面竖直位移分别为 0.13m、0.33m、0.78m、0.90m；有格栅边坡坡面竖直位移分别为 0.12m、0.32m、0.67m、0.78m，第 40s 无格栅边坡坡面竖直位移分别为 0.22m、0.61m、1.38m、1.63m；有格栅边坡坡面竖直位移分别为 0.22m、0.59m、1.26m、1.50m，表明各级边坡卸载平台坡面竖直位移随边坡高度呈现放大趋势。各特征点坡面竖直位移初始阶段波动明显，随着时间增长位移波动开始衰弱，最后趋于稳定，也即边坡出现永久位移。其中坡顶永久竖直位移最大。

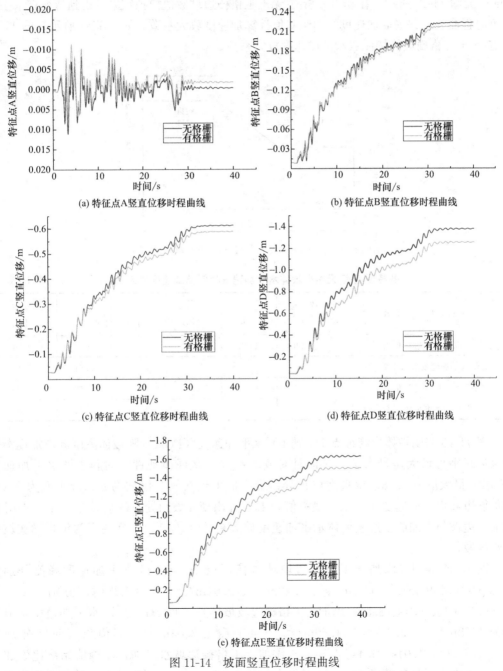

(a) 特征点A竖直位移时程曲线

(b) 特征点B竖直位移时程曲线

(c) 特征点C竖直位移时程曲线

(d) 特征点D竖直位移时程曲线

(e) 特征点E竖直位移时程曲线

图 11-14 坡面竖直位移时程曲线

（注：位移正负与坐标轴方向有关）

11.3 有-无土工格栅坡体动力响应分析

11.3.1 坡体水平加速度及其频谱特性分析

沿坡体内部竖直向上等距取特征点 H1、H2、H3、H4、H5 且特征点之间竖直相距 20m，如图 11-15 所示。在动力分析有-无土工格栅边坡数值模拟结果后得到特征点水平加速度时程曲线，并提取加速度峰值绝对值计算加速度放大系数，如表 11-3 所示。图 11-16 为有-无土工格栅坡体特征点水平加速度放大系数。

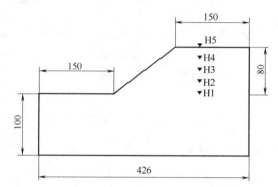

图 11-15　边坡模型尺寸及坡体特征点示意图（m）

各特征点有-无格栅坡体水平加速度峰值及加速度放大系数　　　　表 11-3

特征点相对高度/m	特征点 A	0m (H1)	20m (H2)	40m (H3)	60m (H4)	80m (H5)
无格栅水平加速度峰值/(m/s²)	1.76	1.78	1.93	1.60	1.42	2.04
无格栅水平加速度放大系数(PGA)	—	1.01	1.10	0.91	0.81	1.15
有格栅水平加速度峰值/(m/s²)	1.44	1.68	1.90	1.52	1.16	1.98
有格栅水平加速度放大系数/(PGA)	—	1.17	1.32	1.06	0.81	1.38

图 11-16 表明坡体内特征点 H1 到 H5 水平加速度（PGA）随坡体高度的增加逐渐先增大后减小再增大至最大值，总体具有放大趋势，呈现律动性。加筋边坡水平加速度（PGA）最大值为 1.38，出现在坡顶处；最小值出现在 0.5 倍坡高处，最小值为 0.92。未加筋边坡水平加速度（PGA）最大值为 1.15，出现在坡顶处；最小值与加筋边坡相同。加筋土边坡与未加筋土边坡坡体水平加速度放大系数（PGA）出现突变的位置均在坡中上部区域。

图 11-17 表明未添加土工格栅边坡坡体特征点 H1 至 H5 水平加速度峰值分别为 1.78m/s²、1.93m/s²、1.60m/s²、1.42m/s²、2.04m/s²；峰值出现时间分别为 4.54s、3.06s、4.04s、6.4s、3.5s，添加土工格栅边坡坡体特征点 H1 至 H5 水平加速度峰值分别为 1.78m/s²、1.93m/s²、1.60m/s²、1.42m/s²、2.04m/s²；峰值出现时间分别为 4.54s、3.06s、4.04s、6.4s、3.5s。未添加土工格栅边坡水平加速度峰值始终比添加土工格栅边坡水平加速度峰值大，二者最大相差 0.26m/s²。未添加格栅边坡与添加格栅边

坡在坡体水平加速度峰值出现时间上几乎相同，特征点 H1 至 H4 坡体水平加速度峰值随边坡高度有一定滞后性。坡顶处出现急剧放大也是由于在坡体的反射过程中出现波场分离现象，一部分 SV 波会被反射回去，与入射 SV 波具有相同的振动方式和传播方向；同时，一部分 SV 波也会被转换为 P 波，并以新的传播方式传播回去。在波场叠加过程中，加速度峰值在坡顶段会显著增大。

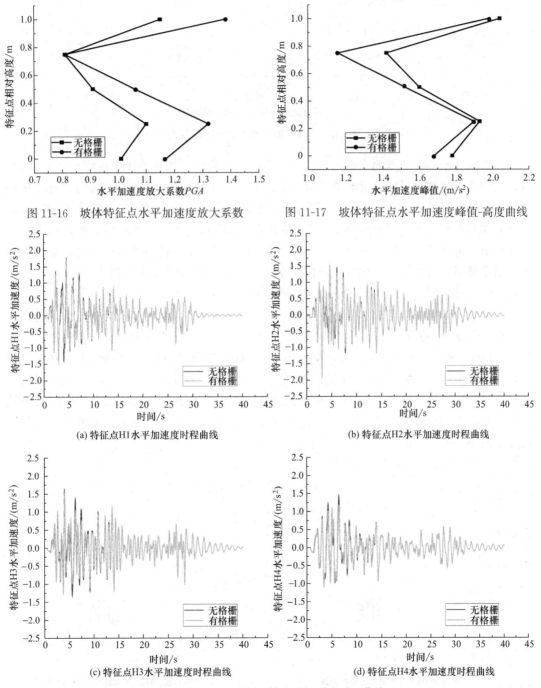

图 11-16　坡体特征点水平加速度放大系数　　图 11-17　坡体特征点水平加速度峰值-高度曲线

(a) 特征点H1水平加速度时程曲线　　　　　　(b) 特征点H2水平加速度时程曲线

(c) 特征点H3水平加速度时程曲线　　　　　　(d) 特征点H4水平加速度时程曲线

图 11-18　有-无土工格栅坡体水平加速度时程曲线（一）

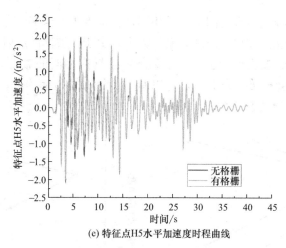

(e) 特征点H5水平加速度时程曲线

图 11-18　有-无土工格栅坡体水平加速度时程曲线（二）

从沿坡体不同特征点的水平加速度时程曲线可以看出：特征点 H1 在持时为 4～7.5s时，未加筋土边坡水平加速度峰值显著大于加筋土边坡，加筋后水平加速度峰值比未加筋边坡水平加速度峰值减小 5.6％；特征点 H2 在持时为 6～7.5s 时，加筋后水平加速度峰值比未加筋水平加速度峰值减小 1.8％；特征点 H3 在持时为 4.5～8s 时，加筋后水平加速度峰值比未加筋水平加速度峰值减小 5.1％；特征点 H4 在持时为 5～8s 时，加筋后水平加速度峰值比未加筋水平加速度峰值减小 18.1％；特征点 H5 在持时为 3～10s 时，加筋后水平加速度峰值比未加筋水平加速度峰值减小 2.8％（图 11-18）。

从沿坡体不同特征点的水平加速度傅里叶频谱分析可以看出：特征点 H1 的卓越频率集中在 1～4Hz；特征点 H2 的卓越频率集中在 1～3Hz；特征点 H3 的卓越频率集中在 1～2.7Hz；特征点 H4 的卓越频率集中在 1～3Hz；特征点 H5 的卓越频率集中在 1～2Hz。特征点 H4 到特征点 H5 频谱值上涨最大，且特征点 H4 与特征点 H5 在频率为 1～1.8Hz 这个频段内谱值放大较多。频谱值随边坡高度的递增先增大再减小最后增大至最大值。特征点 H1 至 H5 在 0.5～2Hz 这个频段内水平加速度振幅放大尤为明显，其他频段逐渐减小（图 11-19）。

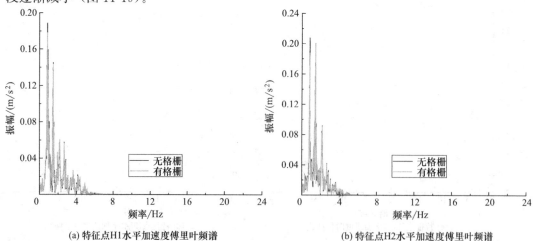

(a) 特征点H1水平加速度傅里叶频谱　　　　(b) 特征点H2水平加速度傅里叶频谱

图 11-19　有-无土工格栅坡体水平加速度傅里叶频谱（一）

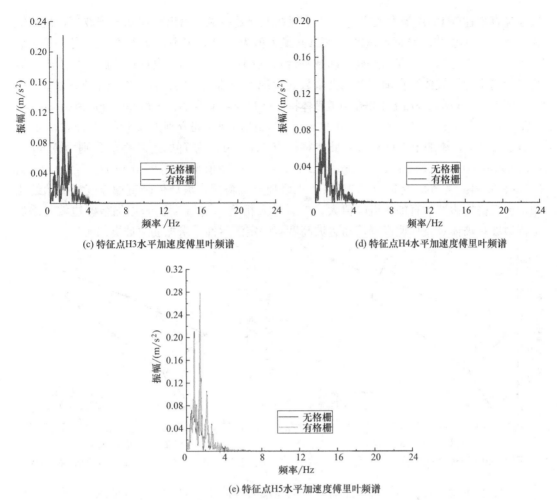

(c) 特征点H3水平加速度傅里叶频谱　　　　　(d) 特征点H4水平加速度傅里叶频谱

(e) 特征点H5水平加速度傅里叶频谱

图 11-19　有-无土工格栅坡体水平加速度傅里叶频谱（二）

11.3.2　坡体竖直加速度及其频谱特性分析

坡体各特征点竖直加速度放大系数计算方式与 4.2.1 节相同。表 11-4 为提取的有-无土工格栅竖直加速度峰值绝对值及放大系数（PGA）。

各特征点有-无格栅坡体竖直加速度峰值及加速度放大系数　　　　表 11-4

特征点相对高度/m	特征点 A	0m (H1)	20m (H2)	40m (H3)	60m (H4)	80m (H5)
无格栅竖直加速度峰值/(m/s²)	0.66	0.63	0.70	0.87	1.04	0.99
无格栅竖直加速度放大系数（PGA）	—	0.95	1.06	1.32	1.58	1.50
有格栅竖直加速度峰值/(m/s²)	0.64	0.60	0.68	0.55	0.82	1.14
有格栅竖直加速度放大系数（PGA）	—	0.94	1.06	0.86	1.28	1.78

图 11-20 表明未加筋边坡坡体内特征点 H1 到 H5 竖直加速度（PGA）随坡体高度的增加逐渐先增大后减小；加筋边坡坡体内特征点 H1 到 H5 竖直加速度 PGA 随坡体高度的增加逐渐先增大后减小再增大至最大值，二者总体都具有放大趋势，呈现律动性。加筋

边坡竖直加速度 PGA 最大值为 1.78，出现在坡顶处；最小值出现在 0.5 倍坡高，最小值为 0.86。未加筋边坡竖直加速度（PGA）最大值为 1.58，出现在 0.75 倍坡高处即第 3 级与第 4 级边坡之间的局部凹陷处（卸载平台）；最小值为 0.95，出现在坡脚。加筋土边坡与未加筋土边坡坡体竖直加速度放大系数（PGA）出现突变的位置均在坡中部区域。

图 11-21 表明未添加土工格栅边坡坡体特征点 H1 至 H5 竖直加速度峰值分别为 $0.63 \mathrm{m/s^2}$、$0.70 \mathrm{m/s^2}$、$0.87 \mathrm{m/s^2}$、$1.04 \mathrm{m/s^2}$、$0.99 \mathrm{m/s^2}$；峰值出现时间分别为 3.42s、6.78s、5.16s、6.98s、9.08s，添加土工格栅边坡坡体特征点 H1 至 H5 竖直加速度峰值分别为 $0.60 \mathrm{m/s^2}$、$0.68 \mathrm{m/s^2}$、$0.55 \mathrm{m/s^2}$、$0.82 \mathrm{m/s^2}$、$1.14 \mathrm{m/s^2}$；峰值出现时间分别为 3.72s、3.5s、5.16s、3.64s、4.0s。特征点 H1 至 H4 未添加土工格栅边坡坡体竖直加速度峰值始终比添加土工格栅边坡竖直加速度峰值大，二者最大相差 $0.32 \mathrm{m/s^2}$。未添加格栅边坡与添加格栅边坡在坡体竖直加速度峰值随边坡高度有一定滞后性，未加筋边坡更加明显。

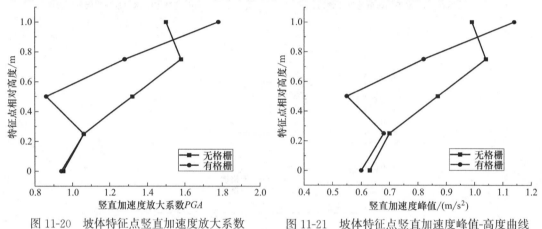

图 11-20　坡体特征点竖直加速度放大系数　　图 11-21　坡体特征点竖直加速度峰值-高度曲线

从沿坡体竖直向上不同特征点的竖直加速度时程曲线可以看出：特征点 H1 至 H4 在持时为 3～17.5s 时未加筋土边坡竖直加速度峰值显著大于加筋土边坡，特征点 H5 在持时为 3～10s 时，加筋后竖直加速度峰值略大于未加筋竖直加速度峰值。特征点 H1 至 H4 加筋后竖直加速度峰值比未加筋竖直加速度峰值分别减小 4.5%、2.7%、36.5%、21.1%（图 11-22）。

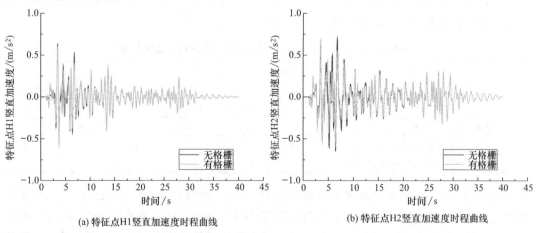

(a) 特征点 H1 竖直加速度时程曲线　　　　(b) 特征点 H2 竖直加速度时程曲线

图 11-22　有-无土工格栅坡体竖直加速度时程曲线（一）

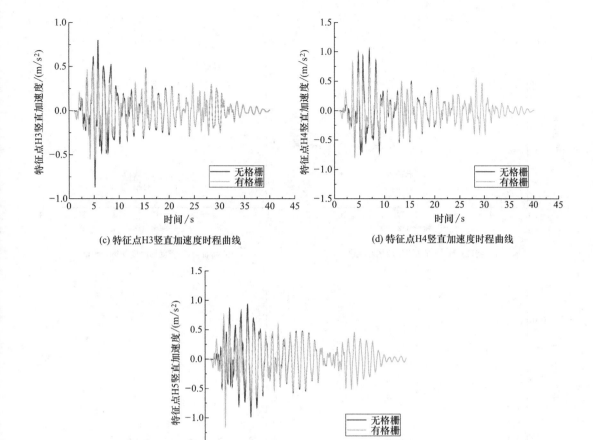

(c) 特征点H3竖直加速度时程曲线   (d) 特征点H4竖直加速度时程曲线

(e) 特征点H5竖直加速度时程曲线

图 11-22　有-无土工格栅坡体竖直加速度时程曲线（二）

从沿坡体竖直向上不同特征点的竖直加速度傅里叶频谱分析可以看出：特征点 H1 的卓越频率集中在 0.5～3Hz；特征点 H2 的卓越频率集中在 1～3Hz；特征点 H3 的卓越频率集中在 1～2.7Hz；特征点 H4 的卓越频率集中在 1～2.5Hz；特征点 H5 的卓越频率集中在 0～2.5Hz。特征点 H1～H5 随边坡高度的增加线性增加，且频段在 0.5～3Hz 之间振幅逐渐放大，其他高频率逐渐衰减。总体而言，低频振幅放大作用显著，高频衰减较弱，最终导致坡体竖直加速度出现沿坡高放大效应（图 11-23）。

11.3.3　坡体水平位移动力响应分析

图 11-24 记录了坡体各特征点水平位移峰值与边坡高度之间的变化规律。无格栅边坡坡体水平位移在特征点 H1 至 H3 远大于有格栅边坡坡体水平位移，在特征点 H4、H5 有格栅边坡坡体水平位移大于无格栅边坡坡体水平位移。其中坡体水平位移最大值无格栅边坡为 0.20m、有格栅边坡为 0.198m，二者最大值出现位置均在坡体中上部。边坡添加土工格栅后最大坡体水平位移减小 17.6％。当添加土工格栅后边坡由于土体与格栅嵌锁，边坡整体稳定性较好。

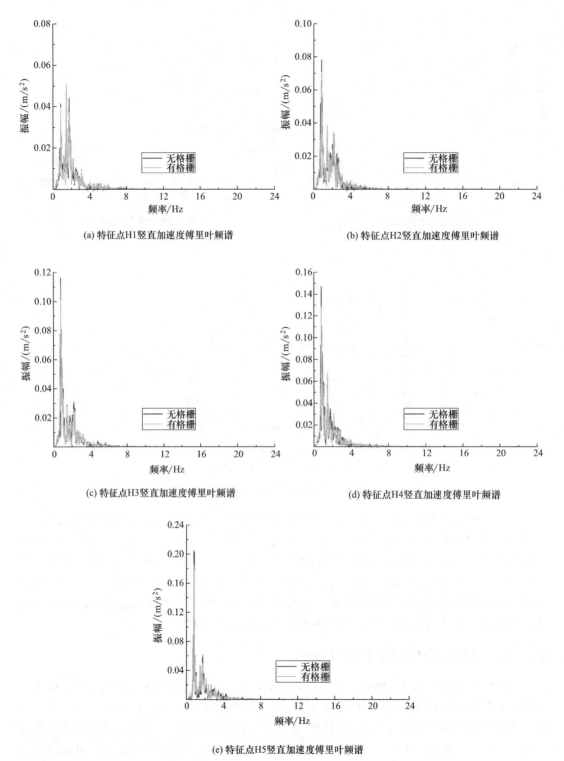

(a) 特征点H1竖直加速度傅里叶频谱

(b) 特征点H2竖直加速度傅里叶频谱

(c) 特征点H3竖直加速度傅里叶频谱

(d) 特征点H4竖直加速度傅里叶频谱

(e) 特征点H5竖直加速度傅里叶频谱

图 11-23　有-无土工格栅坡体竖直加速度傅里叶频谱

图 11-25 为坡体各特征点水平位移时程曲线，可以发现坡体各特征点水平位移随时间波动变化。在水平位移随时间变化的过程中无格栅边坡水平位移始终大于有格栅水平位移，二者变化趋势相一致。其中特征点 H1 到 H5 第 10s 无格栅边坡坡体水平位移分别为 0.18m、0.18m、0.17m、0.14m、0.14m；有格栅边坡坡体水平位移分别为 0.16m、0.14m、0.12m、0.10m、0.09m，第 40s 无格栅边坡坡体水平位移分别为 0.05m、0.06m、0.07m、0.08m、0.08m；有格

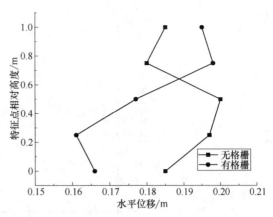

图 11-24　坡体特征点水平位移峰值-高度曲线

栅边坡坡体水平位移分别为 0.07m、0.09m、0.11m、0.12m、0.12m，二者变化趋势相一致。由此可以得出地震对坡体水平位移影响不大，这与李丽华振动台试验结果相符。

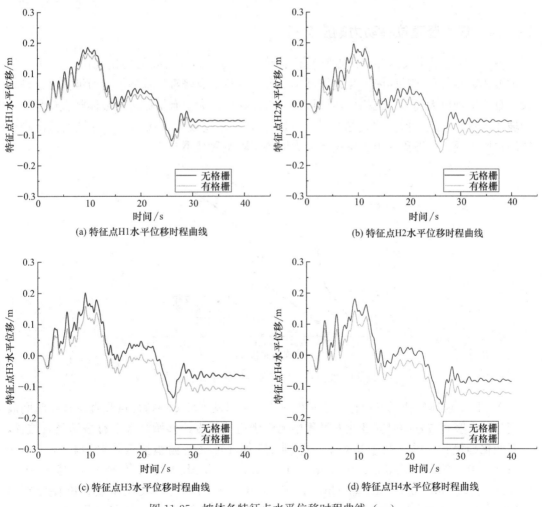

(a) 特征点H1水平位移时程曲线

(b) 特征点H2水平位移时程曲线

(c) 特征点H3水平位移时程曲线

(d) 特征点H4水平位移时程曲线

图 11-25　坡体各特征点水平位移时程曲线（一）

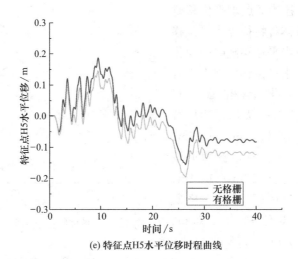

(e) 特征点H5水平位移时程曲线

图 11-25　坡体各特征点水平位移时程曲线（二）

（注：位移正负与坐标轴方向有关）

11.3.4　坡面竖直位移动力响应分析

图 11-26 记录了坡体各特征点竖直位移峰值与边坡高度之间的变化规律。有-无格栅边坡坡体竖直位移两种曲线变化规律基本一致，各特征点竖直位移峰值随边坡高度逐渐增大，总体呈现放大趋势，无格栅边坡坡体竖直位移始终大于有格栅边坡坡体竖直位移。其中坡体竖直位移最大值无格栅边坡为 0.11m、有格栅边坡为 0.08m，二者最大值出现位置均在坡顶处。边坡添加土工格栅后最大坡体竖直位移减小 55%。

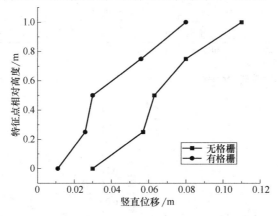

图 11-26　坡体各特征点竖直位移峰值-高度曲线

图 11-27 坡体各特征点竖直位移时程曲线，可以发现坡体各特征点竖直位移随时间波动变化。在竖直位移随时间变化的过程中无格栅边坡竖直位移始终大于有格栅竖直位移，二者变化趋势相一致。其中特征点 H1 到 H5 第 10s 无格栅边坡坡体竖直位移分别为 0.018m、0.038m、0.048m、0.059m、0.084m；有格栅边坡坡体竖直位移分别为 0.002m、0.003m、0.007m、0.02m、0.05m，第 40s 无格栅边坡坡体竖直位移分别为 0.02m、0.04m、0.05m、0.06m、0.09m；有格栅边坡坡体竖直位移分别为 0.001m、

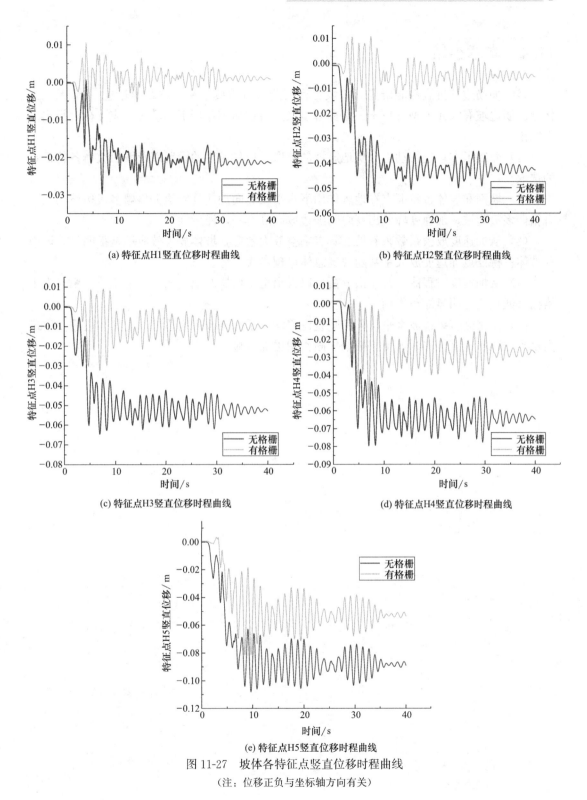

(a) 特征点H1竖直位移时程曲线

(b) 特征点H2竖直位移时程曲线

(c) 特征点H3竖直位移时程曲线

(d) 特征点H4竖直位移时程曲线

(e) 特征点H5竖直位移时程曲线

图 11-27　坡体各特征点竖直位移时程曲线

(注：位移正负与坐标轴方向有关)

0.005m、0.01m、0.03m、0.05m，二者变化趋势相一致。由此可以得出地震对坡体竖直位移影响较为明显。

11.4 本章小结

多级加筋边坡抗震性能研究对边坡工程实践有着重要意义,本章通过建立有-无土工格栅加筋边坡有限元模型分析土工格栅对多级边坡在地震作用下的动力响应分析,得出以下结论:

(1)介绍了本章进行动力分析地震波的选取、边界条件的设置以及坡面坡体各特征点的选取。

(2)坡面和坡体各特征点在地震作用下水平及竖向加速度峰值无格栅多级边坡均大于有格栅多级边坡,加速度峰值出现时间随边坡高度有一定滞后性。

(3)从加速度放大系数来看坡面具有临空放大效应,坡体放大效应不是很明显,坡面和坡体各特征点加速度放大系数随坡高总体呈现增大趋势。

(4)从加速度时程曲线及频谱分析可以得出土工格栅对地震波有一定滤波作用且土工格栅对低频段有明显缩小作用。

(5)无格栅多级边坡水平位移和竖直位移均大于有格栅多级边坡,尤其在边坡发生最大水平位移和竖直位移时,土工格栅加固作用更加明显。

第12章 振动强度对雨后地震边坡稳定性影响分析

降雨主要通过降低边坡土体基质吸力从而影响土体抗剪强度，以达到边坡失稳的目的。地震主要通过地震惯性力以及对土体的临空放大效应来影响边坡稳定性。地震和降雨的耦合效应会对边坡的稳定性产生更复杂、更显著的影响：地震和降雨的耦合会增加地表水的流动速度和能量，加速了水流的侵蚀和冲刷作用；地震会产生地震波传播并引起边坡内的土体运动。当地震与降雨同时发生时，雨水的渗透和加重会导致边坡土体的进一步破坏和松动，这增加了边坡发生滑动或崩塌的风险；降雨会引入水分到土体中，导致土体饱和，当地震发生时，地震波会产生振动，进一步降低土体的抗剪强度，这种耦合效应会导致土体液化，使边坡的稳定性进一步降低。

降雨和地震在影响边坡稳定性的时间和空间上有较大的差异，故考虑多级加筋黄土填方边坡受两者共同作用而导致边坡破坏的几率较低。研究表明在 2008 年汶川大地震后期部分受灾区域出现极端降雨天气，期间余震不断造成大量雨后边坡出现失稳，所以研究雨后地震多级加筋黄土填方边坡有重要意义。本章将通过数值模拟不同振动强度作用下对雨后地震多级加筋黄土填方边坡，并分析其动力响应及塑性区的变化趋势。

12.1 雨后振动模型建立及工况

12.1.1 模型建立

本章也将通过 ABAQUS 有限元软件来模拟雨后地震多级加筋黄土填方边坡，依旧采用 Mohr-Coulomb 本构模型，提取降雨 72h 后模型最终应力作为地震模型的初始应力，从而实现对雨后地震多级加筋黄土填方边坡的模拟。图 12-1为多级加筋黄土填方边坡有限元模型。图 12-2 为有限元模型特征点示意图。其

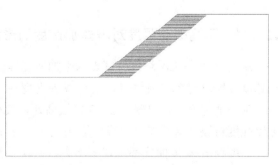

图 12-1 多级加筋黄土填方边坡有限元模型

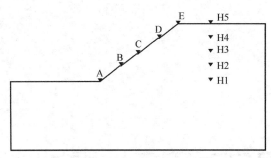

图 12-2　有限元模型特征点示意图

中，特征点 A、B、C、D、E 为坡面监测点，特征点 H1、H2、H3、H4、H5 为坡体监测点。

12.1.2　工况方案选择

本章研究不同振动强度对降雨后地震多级加筋黄土填方边坡动力响应及稳定性破坏机理研究，所以最终取降雨强度为 0.01m/h，降雨持续时间为 72h，降雨类型幅值函数如图 12-3 所示。以降雨持续 72h 后的模型的最终应力作为地震的初始应力在此基础上输入地震波。地震波选取 EL-Centro 波，地震波持续时间为 40s，振动强度分别取 0.2g、0.4g、0.6g、0.8g、1.0g 五种强度来模拟分析研究。工况模拟如表 12-1 所示。

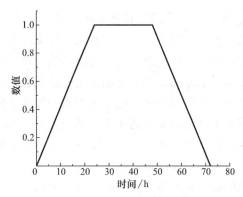

图 12-3　降雨类型幅值函数

工况模拟　　　　　　　　　　　　　　　　　　　　表 12-1

振动强度	0.2g	0.4g	0.6g	0.8g	1.0g
工况	工况 1	工况 2	工况 3	工况 4	工况 5

12.2　不同振动强度对加速度的影响

12.2.1　不同振动强度对坡体加速度的影响

从表 12-2 各工况坡体特征点水平加速度峰值可以分析得出：工况 1、工况 2 最大水平加速度位置出现在坡顶位置，最小位置出现在 0.75 倍坡高处；工况 3、工况 4 和工况 5 最大水平加速度位置出现在 0.25 倍坡高处，最小位置出现在 0.75 倍坡高处，其中工况 1 振动强度对坡体水平加速度峰值影响最小。图 12-4 可以看出不同振动强度坡体特征点水平加速度峰值-高度曲线都呈现先增大再减小最后再增大总体变化趋势相同，振动强度越大各特征点水平加速度峰值越大，振动强度与坡体水平加速度峰值成正比关系。工况 1 与工况 5 坡体水平加速度峰值最大值相差 $3\mathrm{m/s^2}$，最小值相差 $1.67\mathrm{m/s^2}$，总体上工况 5 坡体水平加速度峰值变化趋势更明显。

各工况坡体特征点水平加速度峰值　　　　　　　　　　　　　　　表 12-2

工况	特征点相对高度				
	0m(H1)	20m(H2)	40m(H3)	60m(H4)	80m(H5)
工况 1/(m/s²)	0.85	1.05	0.76	0.70	1.22
工况 2/(m/s²)	1.58	1.99	1.37	1.31	2.24
工况 3/(m/s²)	2.36	2.86	1.92	1.66	2.71
工况 4/(m/s²)	3.06	3.57	2.39	1.98	3.18
工况 5/(m/s²)	3.66	4.22	2.74	2.33	3.64

雨后地震边坡发生边坡失稳现象时突变性不高且多为蠕滑失稳，这是因为降雨导致坡体内部含水量不同，从而影响到加速度的传递。从图 12-5 和表 12-3 可以分析得到：各工况坡体水平加速度放大系数 PGA 最大值位置分别出现在坡顶处和 0.25 倍坡高处，坡体内特征点 H1 到 H5 水平加速度放大系数（PGA）随坡体高度的增加逐渐先增大后减小再增大至最大值，总体具有放大趋势，有一定的律动性。随着振动强度的增加坡体水平加速度放大系数呈现削弱趋势。

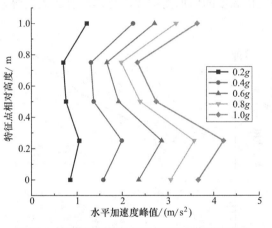

图 12-4　坡体特征点水平加速度峰值-高度曲线

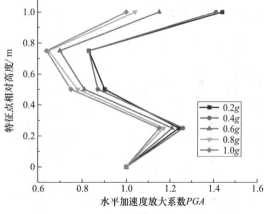

图 12-5　坡体特征点水平加速度放大系数

各工况坡体特征点水平加速度放大系数（PGA）　　　　　　　表 12-3

工况	特征点相对高度				
	0m(H1)	20m(H2)	40m(H3)	60m(H4)	80m(H5)
工况 1	1	1.24	0.90	0.83	1.44
工况 2	1	1.26	0.87	0.83	1.41
工况 3	1	1.21	0.81	0.70	1.15
工况 4	1	1.17	0.78	0.65	1.04
工况 5	1	1.15	0.75	0.64	1.00

从表 12-4 可以分析得出：各工况最大坡体特征点竖直加速度峰值位置出现在坡顶位

置，其中工况1和工况2最小位置出现在边坡底部；工况3、工况4和工况5最小坡体竖直加速度峰值位置出现在0.5倍坡高处；工况1最大最小坡体竖直加速度峰值变化不大。图12-6可以看出不同振动强度坡体特征点竖直加速度峰值-高度曲线都呈现随坡高增大的趋势，各曲线总体变化趋势相同，振动强度越大各特征点竖直加速度峰值越大，振动强度与坡体竖直加速度峰值成正比关系。工况1和工况2变化趋势不大，工况3、4、5对坡顶位置影响较大。

各工况坡体特征点竖直加速度峰值　　　　表 12-4

工况	特征点相对高度				
	0m(H1)	20m(H2)	40m(H3)	60m(H4)	80m(H5)
工况 1/(m/s²)	0.34	0.36	0.38	0.53	0.64
工况 2/(m/s²)	0.74	0.82	0.75	1.04	1.33
工况 3/(m/s²)	1.11	1.28	1.04	1.60	1.98
工况 4/(m/s²)	1.47	1.56	1.25	2.18	2.76
工况 5/(m/s²)	1.95	1.72	1.54	2.66	3.40

从图12-7和表12-5可以分析得到：各工况坡体竖直加速度放大系数（PGA）最大值位置均出现在坡顶位置，工况2、3、4、5最小值位置均出现在0.5倍坡高处，坡体内特征点 H1 到 H5 竖直加速度放大系数 PGA 随坡体高度的增加而增大，总体具有放大趋势，随高度变化明显。

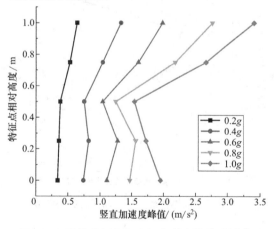

图 12-6　坡体特征点竖直加速度峰值-高度曲线

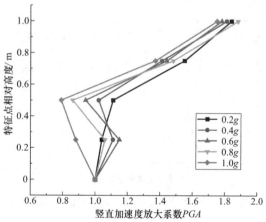

图 12-7　坡体特征点竖直加速度放大系数

各工况坡体特征点竖直加速度放大系数 PGA　　　　表 12-5

工况	特征点相对高度				
	0m(H1)	20m(H2)	40m(H3)	60m(H4)	80m(H5)
工况 1	1	1.04	1.11	1.55	1.84
工况 2	1	1.11	1.02	1.41	1.81
工况 3	1	1.15	0.94	1.44	1.78
工况 4	1	1.06	0.86	1.48	1.88
工况 5	1	0.88	0.79	1.37	1.75

12.2.2　不同振动强度对坡面加速度的影响

从表 12-6 各工况坡面特征点水平加速度峰值变化趋势相一致，振动强度越大各特征点的加速度也就越大，各工况坡面水平加速度峰值最大值均出现在坡顶位置，最小值均出现在第 2 级与第 3 级边坡之间的局部凹陷处（卸载平台）及 0.5 倍坡高处，其中工况 1 振动强度对坡面水平加速度峰值影响最小。这是由于小振动引起坡体内部出现弹性振动阶段。图 12-8 可以看出不同振动强度坡面特征点水平加速度峰值-高度曲线都呈现先增大再减小最后再增大总体变化趋势相同，振动强度越大各特征点水平加速度峰值越大，振动强度与坡面水平加速度峰值成正比。工况 1 与工况 5 坡面水平加速度峰值最大值相差 3.54m/s^2，最小值相差 1.84m/s^2，总体上工况 3、4、5 坡面水平加速度峰值变化趋势更明显。

各工况坡面特征点水平加速度峰值　　　　　　　　　　　表 12-6

工况	特征点相对高度				
	0m(A)	20m(B)	40m(C)	60m(D)	80m(E)
工况 1/(m/s^2)	0.92	1.25	0.81	1.24	1.31
工况 2/(m/s^2)	1.75	2.12	1.49	2.27	2.59
工况 3/(m/s^2)	2.44	2.69	2.00	2.83	3.57
工况 4/(m/s^2)	3.10	3.15	2.39	3.15	4.27
工况 5/(m/s^2)	3.77	3.41	2.65	3.28	4.85

从图 12-9 和表 12-7 可以分析得到：各工况坡面水平加速度放大系数（PGA）最大值位置均出现在坡顶位置，各工况坡面水平加速度放大系数总体是呈现放大趋势，但是在第 2 级与第 3 级边坡之间的局部凹陷处（卸载平台）出现突变，这是由于弹性波散射现象。

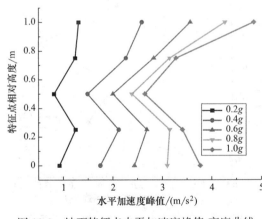

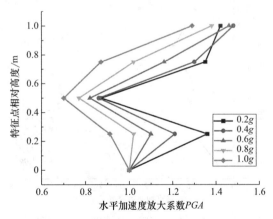

图 12-8　坡面特征点水平加速度峰值-高度曲线　　　图 12-9　坡面特征点水平加速度放大系数

从表 12-8 可以分析得出：各工况最大坡面特征点竖直加速度峰值位置出现在第 3 级与第 4 级边坡之间的局部凹陷处（卸载平台），最小值位置均出现在边坡底部，工况 1 最大最小坡面竖直加速度峰值变化不大。图 12-10 可以看出不同振动强度坡面特征点竖直加速度峰值-高度曲线都呈现随坡高增大的趋势，各曲线总体变化趋势相同，振动强度越大各特征点竖直加速度峰值越大，振动强度与坡体竖直加速度峰值成正比。

各工况坡面特征点水平加速度放大系数 PGA 表 12-7

工况	特征点相对高度				
	0m(A)	20m(B)	40m(C)	60m(D)	80m(E)
工况 1	1	1.36	0.87	1.35	1.42
工况 2	1	1.21	0.86	1.30	1.48
工况 3	1	1.10	0.82	1.16	1.46
工况 4	1	1.02	0.77	1.02	1.38
工况 5	1	0.91	0.70	0.87	1.29

各工况坡面特征点竖直加速度峰值 表 12-8

工况	特征点相对高度				
	0m(A)	20m(B)	40m(C)	60m(D)	80m(E)
工况 1/(m/s^2)	0.39	1.08	0.91	1.38	0.90
工况 2/(m/s^2)	0.76	1.79	1.98	2.51	1.62
工况 3/(m/s^2)	0.99	2.32	2.71	3.45	2.15
工况 4/(m/s^2)	1.38	3.03	3.07	4.25	2.82
工况 5/(m/s^2)	1.73	3.62	4.00	4.89	3.75

从图 12-11 和表 12-9 可以分析得到：各工况坡面竖直加速度放大系数（PGA）最大值位置均出现在第 3 级与第 4 级边坡之间的局部凹陷处（卸载平台），坡面内特征点 A 到 E 竖直加速度放大系数（PGA）随坡体高度的增加而增大，总体具有放大趋势，随高度变化明显。0.75 倍坡高处出现突变是由于复杂的地震波叠加效应，导致坡面竖直加速度峰值在靠近此处时急剧增大，最终使地震波的能量在这些区域集中。

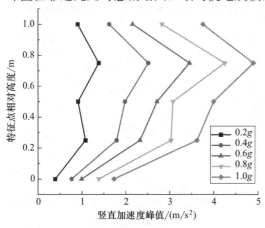

图 12-10　坡面特征点竖直加速度峰值-高度曲线　　图 12-11　坡面特征点竖直加速度放大系数

各工况坡面特征点竖直加速度放大系数（PGA） 表 12-9

工况	特征点相对高度				
	0m(A)	20m(B)	40m(C)	60m(D)	80m(E)
工况 1	1	2.79	2.35	3.58	2.34
工况 2	1	2.37	2.62	3.32	2.15

工况	特征点相对高度				
	0m（A）	20m（B）	40m（C）	60m（D）	80m（E）
工况 3	1	2.34	2.74	3.48	2.17
工况 4	1	2.19	2.22	3.07	2.04
工况 5	1	2.09	2.31	2.82	2.17

12.3　不同振动强度对位移的影响

图 12-12 为不同振动强度下的总位移云图，不同振动强度作用下雨后地震多级加筋黄土填方边坡总位移也随之增大。各工况最大总位移的区域均位于第 3 级边坡与第 4 级边坡处之间，总位移呈现以第 3 级边坡与第 4 级边坡之间卸载平台为中心向周围辐射状逐渐减小。当振动强度为 0.2g 和 0.4g 时边坡总位移变化幅度小，处于小变形阶段；当振动强度为 0.6g、0.8g 和 1.0g 时边坡总位移变化幅度增大趋势明显。

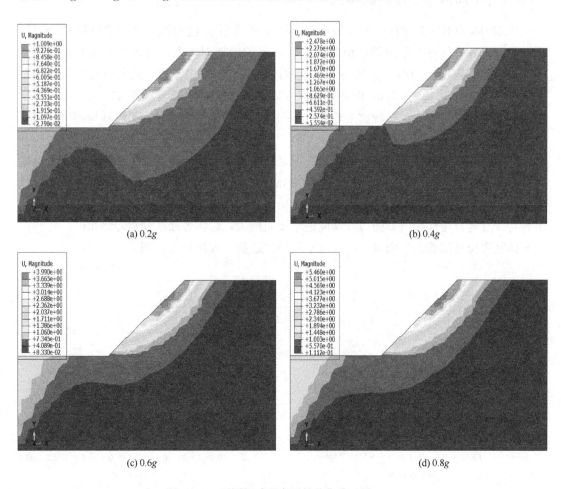

(a) 0.2g　　(b) 0.4g

(c) 0.6g　　(d) 0.8g

图 12-12　不同振动强度下的总位移云图（一）

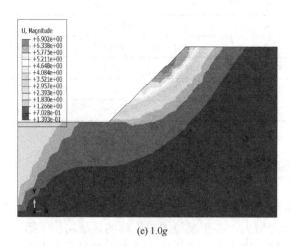

(e) 1.0g

图 12-12　不同振动强度下的总位移云图（二）

12.3.1　不同振动强度对坡体位移的影响

图 12-13 为不同振动强度坡体特征点水平位移峰值-高度曲线，从图中可以看出不同振动强度下各特征点水平位移峰值都随边坡高度的增加而增大，总体各曲线变化趋势相同。振动强度为 0.2g 和 0.4g 时各特征点坡体水平位移变化缓慢，处在小变形阶段；振动强度为 0.6g、0.8g 和 1.0g 时各特征点坡体水平位移变化迅速。各特征点坡体水平位移随着振动强度的增大也呈现放大趋势。不同振动强度下最大坡体水平位移均出现在坡顶位置。

从图 12-14 分析表明坡体竖直位移在振动强度为 0.2g 和 0.4g 时坡体未发生大规模沉降现象，仍处于稳定状态；当振动强度为 0.6g、0.8g 和 1.0g 时各特征点坡体竖直位移变化趋势显著增大，发生较大沉降，坡体出现永久位移。从图中可以看出不同振动强度下各特征点竖直位移峰值都随边坡高度的增加而增大，总体各曲线变化趋势相同。各特征点坡体竖直位移随着振动强度的增大也呈现放大趋势，坡顶处尤为明显。

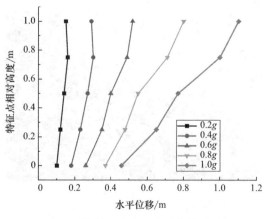

图 12-13　坡体特征点水平位移峰值-高度曲线

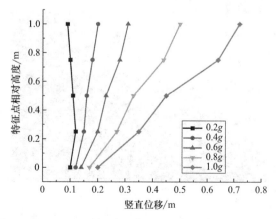

图 12-14　坡体特征点竖直位移峰值-高度曲线

12.3.2 不同振动强度对坡面位移的影响

图 12-15 为不同振动强度坡体特征点水平位移峰值-高度曲线，从图中可以看出不同振动强度下坡面水平方向发生永久位移相差较大，0.75 倍坡高处出现最大坡面水平位移，0.2g 时最大坡面水平位移为 0.863m，1.0g 时最大坡面水平位移为 5.858m，二者相差 4.995m。各特征点坡面水平位移峰值都随边坡高度的增加先增大至最大值然后再减小，总体各曲线变化趋势相同。振动强度为 0.2g 时各特征点坡面水平位移变化缓慢；振动强度为 0.4g、0.6g、0.8g 和 1.0g 时各特征点坡面水平位移变化迅速。随着振动强度的增加坡脚处水平位移增大，出现边坡滑坡现象。

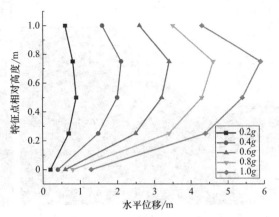

图 12-15 坡面特征点水平位移峰值-高度曲线

图 12-16 为不同振动强度坡面特征点竖直位移峰值-高度曲线，分析表明坡面竖直位移在振动强度为 0.2g 时坡面未发生大规模沉降现象，各特征点竖直位移变化不明显仍处于稳定状态；当振动强度大于 0.2g 时各特征点坡面竖直位移变化趋势显著增大，坡顶处沉降显著。振动强度与坡面竖直位移成正比。

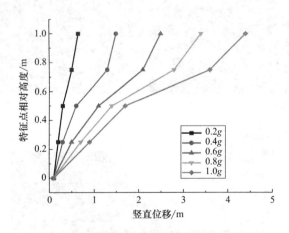

图 12-16 坡面特征点竖直位移峰值-高度曲线

12.4 不同振动强度对塑性区的影响

在降雨的基础上施加不同振动强度的地震波，分别绘制振动强度为 0.2g、0.4g、0.6g、0.8g、1.0g 时的等效塑性应变云图。从图 12-17 可以对比发现塑性贯通区随着振动强度的增加范围不断发散扩大。同时也说明随着振动强度的增大潜在滑动面也在增大。

振动强度小时所形成的潜在滑动面还未发生较大幅度滑动，此时边坡还未出现整体失稳；当振动强度大时坡体潜在滑动面出现整体滑动，从而导致边坡失稳。

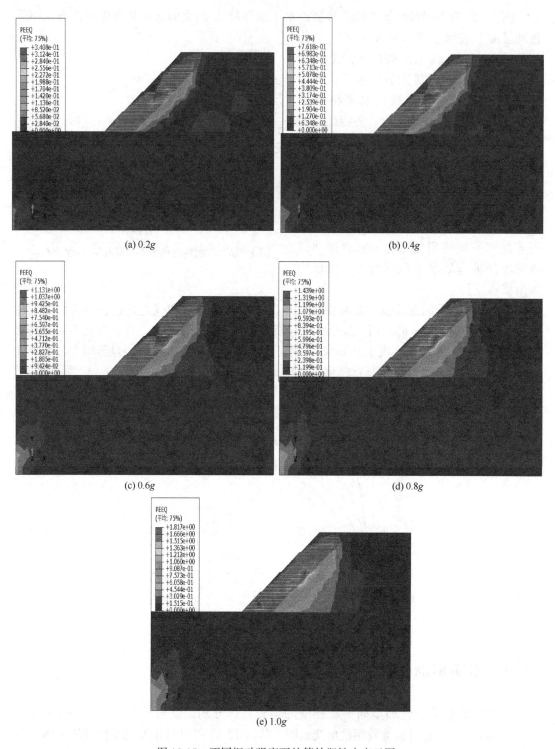

图 12-17　不同振动强度下的等效塑性应变云图

12.5 本章小结

本章对不同振动强度下雨后地震多级加筋边坡稳定性进行对比研究分析，研究得出以下结论：

（1）介绍了雨后地震多级加筋边坡模型的建立，以及不同工况的选取。

（2）不同振动强度对坡面及坡体各特征点加速度峰值有较大影响，振动强度越大，峰值加速度也就越大，雨后地震多级加筋边坡也越容易失稳。

（3）振动强度为 $0.2g$ 和 $0.4g$ 时各特征点水平位移变化缓慢且竖直位移发生少量沉降，处在小变形阶段；振动强度为 $0.6g$、$0.8g$ 和 $1.0g$ 时各特征点水平位移变化迅速且竖直位移沉降明显，随着振动强度增大永久位移也越大。

（4）振动强度越大塑形贯通区范围也越大，这说明振动强度对潜在滑动面有明显影响，当振动强度大时坡体潜在滑动面出现整体滑动，从而导致边坡失稳。

参 考 文 献

[1] 黄润秋. 20 世纪以来中国的大型滑坡及其发生机制 [J]. 岩石力学与工程学报，2007（03）：433-454.

[2] 应急管理部. 全国自然灾害基本情况 [R]. 2019-2023.

[3] 杨帆，李明俐，王徐，等. 基于 NbS 结构的黄土填方边坡降雨物理模型试验 [J/OL]. 工程科学与技术：1-11 [2024-01-06].

[4] 汪传武. 降雨入渗对多级边坡的稳定性影响研究 [D]. 重庆：重庆大学，2017.

[5] 高丙丽，韦兆恒，任建喜，等. 降雨作用下考虑结构面劣化的边坡块体稳定性评价 [J/OL]. 土木工程学报：1-13 [2024-01-06].

[6] 李玉瑞，吴红刚，赵金，等. 模拟降雨作用桩锚-加筋土组合结构加固边坡研究 [J]. 防灾减灾工程学报，2019，39（03）：516-523.

[7] 成永亮，袁坤彬，卢渊，等. 梯田式填筑-降雨时序作用下沟谷区高填方地基变形与边坡稳定性分析 [J]. 科学技术与工程，2023，23（32）：13944-13952.

[8] 吴庆华，王珂. 细/粗二元结构边坡角度与岩性特征对其阻隔降雨入渗的影响规律研究 [J/OL]. 地球科学：1-10 [2024-01-06].

[9] 陈结，朱超，蒲源源，等. 降雨作用下露天矿山岩质边坡稳定性与声—力学特征研究 [J/OL]. 金属矿山：1-13 [2024-01-06].

[10] 杨校辉，张志伟，郭楠，等. 持续降雨作用下折线型滑裂面堆积体滑坡稳定性分析 [J]. 岩土工程学报，2022，44（S1）：195-200.

[11] 韩宇琨，卢正，姚海林，等. 土工格室加固边坡抗冲刷性研究 [J]. 岩石力学与工程学报，2021，40（S2）：3425-3433.

[12] 曾昌禄，李荣建，关晓迪，等. 不同雨强条件下黄土边坡降雨入渗特性模型试验研究 [J]. 岩土工程学报，2020，42（S1）：111-115.

[13] 叶帅华，时轶磊. 降雨入渗条件下多级黄土高边坡稳定性分析 [J]. 工程地质学报，2018，26（06）：1648-1656.

[14] 许旭堂，简文彬. 土坡前端推力对降雨入渗响应的试验研究 [J]. 岩土力学，2017，38（12）：3547-3554.

[15] 田海，孔令伟，李波. 降雨条件下松散堆积体边坡稳定性离心模型试验研究 [J]. 岩土力学，2015，36（11）：3180-3186.

[16] 孔郁斐，宋二祥，杨军，等. 降雨入渗对非饱和土边坡稳定性的影响 [J]. 土木建筑与环境工程，2013，35（06）：16-21.

[17] Yang K H，Thuo J N，Chen J W，et al. Failure investigation of a geosynthetic-reinforced soil slope subjected to rainfall [J]. Geosynthetics international，2019，26（1）：42-65.

[18] Wang Y，Xu W，Wang Z，et al. The Impact of Vegetation Roots on Shallow Stability of Expansive Soil Slope under Rainfall Conditions [J]. Applied Sciences，2023，13（21）：11619.

[19] Rahardjo H，Kim Y，Gofar N，et al. Analyses and design of steep slope with GeoBarrier system (GBS) under heavy rainfall [J]. Geotextiles and Geomembranes，2020，48（2）：157-169.

[20] Guan-yi C，He P，Wang G，et al. Shallow Layer Destruction Law of Expansive Soil Slope under Rainfall and the Application of Geogrid Reinforcement [J]. Geofluids (Online)，2021，2021.

[21] Yang K H，Huynh V D A，Nguyen T S，et al. Numerical evaluation of reinforced slopes with various backfill-reinforcement-drainage systems subject to rainfall infiltration [J]. Computers and Geotechnics，2018，96：25-39.

[22] Chatra A S，Dodagoudar G R，Maji V B. Numerical modelling of rainfall effects on the stability of soil slopes [J]. International Journal of Geotechnical Engineering，2017.

[23] Chinkulkijniwat A，Yubonchit S，Horpibulsuk S，et al. Hydrological responses and stability analysis of shallow slopes with cohesionless soil subjected to continuous rainfall [J]. Canadian Geotechnical Journal，2016，53（12）：2001-2013.

［24］ Paronuzzi P，Bolla A. Rainfall infiltration and slope stability of alpine colluvial terraces subject to storms（NE Italy）［J］. Engineering Geology，2023：107199.

［25］ Jayanandan M，Viswanadham B V S. DIA of centrifuge model tests on geogrid reinforced soil walls with low-permeable backfills subjected to rainfall［J］. Geotextiles and Geomembranes，2023，51（4）：36-55.

［26］ Habtemariam B G，Shirago K B，Dirate D D. Effects of Soil Properties and Slope Angle on Deformation and Stability of Cut Slopes［J］. Advances in Civil Engineering，2022，2022.

［27］ 张曦君. 地震-降雨耦合作用下土工格栅加筋土边坡力学性能研究［D］. 郑州：郑州大学，2019.

［28］ 王雪艳，刘超，尹超，等. 地震波斜入射下土质边坡的稳定性分析［J］. 防灾减灾工程学报，2020，40（04）：589-595.

［29］ 杨博. 黄土地区含可液化层边坡地震动力响应分析［D］. 兰州：中国地震局兰州地震研究所，2021.

［30］ 王建，姚令侃，陈强. 汶川地震路堤成灾模式及土工格栅加筋变形控制研究［J］. 岩石力学与工程学报，2010，29（S1）：3387-3394.

［31］ 何国先. 地震荷载作用下高填方路堤动力响应分析［D］. 南昌：华东交通大学，2012.

［32］ 叶帅华，黄安平，房光文. 水平地震作用下黄土多级高填方边坡动力响应规律及稳定性分析［J］. 震灾防御技术，2020，15（01）：1-10.

［33］ 言志信，曹小红，张刘平，等. 地震作用下黄土边坡动力响应数值分析［J］. 岩土力学，2011，32（S2）：610-614.

［34］ 信春雷，杨飞，冯文凯，等. 多期地震作用的台阶式顺层岩质边坡震裂破坏机制［J］. 岩土力学，2023，44（12）：3481-3494.

［35］ 杨国香，伍法权，董金玉，等. 地震作用下岩质边坡动力响应特性及变形破坏机制研究［J］. 岩石力学与工程学报，2012，31（04）：696-702.

［36］ 张玲，欧强，赵明华，等. 移动荷载下土工加筋路堤动力响应特性数值分析［J］. 岩土力学，2021，42（10）：2865-2874.

［37］ Ali Ghaffari S，Sattari E，Hamidi A，et al. Experimental study on bearing capacity of shell strip footings near geotextile-reinforced earth slopes［J］. Journal of Central South University，2021，28（08）：2527-2543.

［38］ Alhajj Chehade H，Dias D，Sadek M，et al. Pseudo-static analysis of reinforced earth retaining walls［J］. Acta Geotechnica，2021，16：2275-2289.

［39］ Zhang Z L，Yang X L. Seismic stability analysis of slopes with cracks in unsaturated soils using pseudo-dynamic approach［J］. Transportation Geotechnics，2021，29：100583. .

［40］ 卢谅，张均均，马书文，等. 预应力返包式加筋土挡墙的动力响应分析［J］. 岩土工程学报，2020，42（02）：344-353.

［41］ Vidal H. The principle of reinforced earth［J］. Highway research record，1969（282）.

［42］ Adams M T，Collin J G. Large model spread footing load tests on geosynthetic reinforced soil foundations［J］. Journal of geotechnical and geoenvironmental engineering，1997，123（1）：66-72.

［43］ Chowdhury S，Patra N R. Influence of geogrid reinforcement on dynamic characteristics and response analysis of Panki pond ash［J］. Natural Hazards，2023，119（1）：435-461.

［44］ Yue M，Qu L，Zhou S，et al. Dynamic response characteristics of shaking table model tests on the gabion reinforced retaining wall slope under seismic action［J］. Geotextiles and Geomembranes，2023.

［45］ Javdanian H，Gohari A. Seismic Behavior Analysis of Geogrid-Reinforced Soil Slopes［J］. Iranian Journal of Science and Technology，Transactions of Civil Engineering，2023：1-10.

［46］ Fatehi M，Hosseinpour I，Jamshidi Chenari R，et al. Deterministic Seismic Stability Analysis of Reinforced Slopes using Pseudo-Static Approach［J］. Iranian Journal of Science and Technology，Transactions of Civil Engineering，2023，47（2）：1025-1040.

［47］ 赵宏昱，杨兵，王国义，等. 雨后不同时长基覆型边坡动力失稳破坏研究［J/OL］. 防灾减灾工程学报：1-9［2024-01-07］.

［48］ 冯海洲，蒋关鲁，郭玉丰，等. 降雨后地震作用下基覆型边坡动力响应特性的振动台试验研究［J］. 中国铁道

科学，2023，44（03）：1-12.

[49] 王兰民，蒲小武，吴志坚，等. 地震和降雨耦合作用下黄土边坡失稳滑移的振动台试验研究 [J]. 岩石力学与工程学报，2017，36（S2）：3873-3883.

[50] 袁中夏，李德鹏，叶帅华. 地震和降雨条件下黄土高填方边坡稳定性分析 [J]. 兰州理工大学学报，2022，48（04）：119-125.

[51] 任德斌，汪莹，于世海. 边坡在降雨及地震作用下的稳定性分析 [J]. 沈阳建筑大学学报（自然科学版），2017，33（03）：439-446.

[52] 冯海洲，蒋关鲁，何梓雷，等. 预应力锚索桩板墙加固隧道洞口边坡的动力响应特性研究 [J]. 岩土力学，2023，44（S1）：50-62.

[53] 邹祖银，朱占元，张锋，等. 连续降雨条件下某震后高边坡稳定性分析 [J]. 地震工程学报，2016，38（04）：541-548.

[54] 张广招，王红雨，亢文涛，等. 降雨和地震耦合作用下的高填方边坡稳定性分析 [J]. 宁夏大学学报（自然科学版），2023，44（03）：234-240+248.

[55] Zhang X，Huang L，Hou Y，et al. Study on the stability of the geogrids-reinforced earth slope under the coupling effect of rainfall and earthquake [J]. Mathematical Problems in Engineering，2020，2020：1-11.

[56] Layek S，Villuri V G K，Koner R，et al. Rainfall & seismological dump slope stability analysis on active mine waste dump slope with UAV [J]. Advances in Civil Engineering，2022，2022.

[57] Fan X，Xu Q，Scaringi G，et al. Failure mechanism and kinematics of the deadly June 24th 2017 Xinmo landslide，Maoxian，Sichuan，China [J]. Landslides，2017，14：2129-2146.

[58] Yang B，Hou J，Zhou Z，et al. Influence of different soil properties on the failure behavior of deposit slope under earthquake after rainfall [J]. Journal of Mountain Science，2023，20（1）：65-77.

[59] Wang J，Wang Z，Sun G，et al. Analysis of three-dimensional slope stability combined with rainfall and earthquake [J]. Natural Hazards and Earth System Sciences Discussions，2023，2023：1-33.

[60] Zhou H，Che A，Chen J，et al. Study on structural damage evolution of excavated slope subjected to earthquake and rainfall using electrical resistivity measurement [J]. Soil Dynamics and Earthquake Engineering，2023，170：107908.

[61] 张率宁. 基于 ABAQUS 的边坡稳定性和抗滑桩参数优化分析 [D]. 邯郸：河北工程大学，2019.

[62] 薛健. 基于 ABAQUS 的渗流作用下土工袋砌护边坡稳定性分析 [D]. 银川：宁夏大学，2019.

[63] 全国地震标准化技术委员会. 中国地震动参数区划图：GB 18306—2015 [S]. 北京：中国标准出版社.

[64] 马学宁，吴培元，王旭，等. 加筋土边坡稳定性分析水平条分简化计算方法 [J]. 铁道学报，2017，39（09）：155-160.

[65] 陈榕，栾茂田，郝冬雪，等. 加筋地基极限承载力的变分解法 [J]. 岩土工程学报，2010，32（05）：774-779.

[66] 郑颖人，赵尚毅. 岩土工程极限分析有限元法及其应用 [J]. 土木工程学报，2005（01）：91-98+104.

[67] 郑颖人，赵尚毅，邓楚键，等. 有限元极限分析法发展及其在岩土工程中的应用 [J]. 中国工程科学，2006（12）：39-61+112.

[68] 介玉新，李广信. 加筋土数值计算的等效附加应力法 [J]. 岩土工程学报，1999（05）：614-616.

[69] 介玉新，王乃东，李广信. 加筋土计算中等效附加应力法的改进 [J]. 岩土力学，2007，28（S1）：129-132.

[70] 郑颖人，赵尚毅，张鲁渝. 用有限元强度折减法进行边坡稳定分析 [J]. 中国工程科学，2002（10）：57-61+78.

[71] Dawson E M，Roth W H，Drescher A. Slope stability analysis by strength reduction [J]. Geotechnique，1999，49（6）：835-840.

[72] 刘仲秋，章青，束加庆. ABAQUS 软件在岩体力学参数和初始地应力场反演中的应用 [J]. 水力发电，2008，No. 410（06）：35-37+104.

[73] 代汝林，李忠芳，王姣. 基于 ABAQUS 的初始地应力平衡方法研究 [J]. 重庆工商大学学报（自然科学版），2012，29（09）：76-81.

[74] 杨明昆. 降雨入渗条件下万兴路隧道出洞口边坡稳定性研究 [D]. 重庆：重庆交通大学，2018.

[75] 刘春辉，翁建燎，孔璟常，等. 地震波对干砂场地土层加速度放大系数影响分析 [J]. 地震工程学报，2022，44

（06）：1287-1293.

[76] 蔡汉成. 边坡地震动力响应及其破坏机制研究 [D]. 兰州：兰州大学，2011.

[77] 张彬，邵帅，邵生俊，等. 黄土丘陵区边坡动力响应及震陷变形分析方法 [J]. 岩土工程学报，2023，45（04）：869-875.

[78] 徐光兴，姚令侃，李朝红，等. 边坡地震动力响应规律及地震动参数影响研究 [J]. 岩土工程学报，2008（06）：918-923.

[79] 李丽华，任增乐，李广信，等. 复合加筋路堤边坡振动台模型试验 [J]. 西南交通大学学报，2017，52（03）：496-504.

[80] 刘晶波，吕彦东. 结构-地基动力相互作用问题分析的一种直接方法 [J]. 土木工程学报，1998（03）：55-64.

[81] 刘晶波，李彬. 三维黏弹性静-动力统一人工边界 [J]. 中国科学 E 辑：工程科学材料科学，2005（09）：72-86.

[82] Su L，Li C，Zhang C. Large-scale shaking table tests on the seismic responses of soil slopes with various natural densities [J]. Soil Dynamics and Earthquake Engineering，2021，140：106409.

[83] Wu Z，Zhang D，Wang S，et al. Dynamic-response characteristics and deformation evolution of loess slopes under seismic loads [J]. Engineering Geology，2020，267：105507.

[84] 卞康，刘建，胡训健，等. 含顺层断续节理岩质边坡地震作用下的破坏模式与动力响应研究 [J]. 岩土力学，2018，39（08）：3029-3037.

[85] 张兴臣，梁庆国，孙文，等. 地震作用下黄土边坡动力响应的时频特征分析 [J]. 地震工程学报，2022，44（05）：1090-1099.

[86] Song D，Liu X，Huang J，et al. Energy-based analysis of seismic failure mechanism of a rock slope with disconti-nuities using Hilbert-Huang transform and marginal spectrum in the time-frequency domain [J]. Landslides，2021，18：105-123.

[87] Fan G，Zhang L，Zhang J，et al. Analysis of seismic stability of an obsequent rock slope using time–frequency method [J]. Rock Mechanics and Rock Engineering，2019，52：3809-3823.

[88] Xie J，Wang M，Liu K，et al. Modeling sediment movement and channel response to rainfall variability after a major earthquake [J]. Geomorphology，2018，320：18-32.

[89] Huang R，Li W. Post-earthquake landsliding and long-term impacts in the Wenchuan earthquake area，China [J]. Engineering Geology，2014，182：111-120.

[90] Tang C，Zhu J，Qi X，et al. Landslides induced by the Wenchuan earthquake and the subsequent strong rainfall e-vent：A case study in the Beichuan area of China [J]. Engineering Geology，2011，122（1-2）：22-33.

[91] 孙军杰，王兰民，龙鹏伟，等. 地震与降雨耦合作用下区域滑坡灾害评价方法 [J]. 岩石力学与工程学报，2011，30（04）：752-760.

[92] Cao L，Zhang J，Wang Z，et al. Dynamic response and dynamic failure mode of the slope subjected to earthquake and rainfall [J]. Landslides，2019，16：1467-1482.

[93] 谢洪，钟敦伦，矫震，等. 2008 年汶川地震重灾区的泥石流 [J]. 山地学报，2009，27（04）：501-509.

[94] 张志明，禹海涛，袁勇，等. 中庭式地铁车站地震响应振动台试验 [J]. 中国公路学报，2021，34（05）：123-134.

[95] 杨长卫，童心豪，王栋，等. 地震作用下有砟轨道路基动力响应规律振动台试验 [J]. 岩土力学，2020，41（07）：2215-2223.

[96] 自然资源部. 全国地质灾害防治"十四五"规划 [R]. 2022.